CADERNO DO FUTURO

Simples e prático

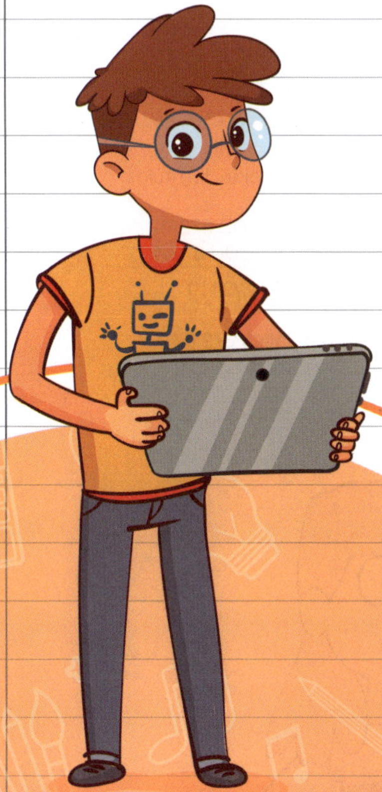

Matemática

5º ano
ENSINO FUNDAMENTAL

 4ª edição
São Paulo – 2022

Coleção Caderno do Futuro
Matemática 5º ano
© IBEP, 2022

Diretor superintendente	Jorge Yunes
Gerente editorial	Célia de Assis
Editora	Mizue Jyo
Colaboração	Carolina França Bezerra
Revisão	Yara Affonso
Ilustrações	Shutterstock, Mariana Matsuda
Produção gráfica	Marcelo Ribeiro
Assistente de produção gráfica	William Ferreira Sousa
Projeto gráfico e capa	Aline Benitez
Diagramação	Gisele Gonçalves

**Dados Internacionais de Catalogação na Publicação (CIP)
de acordo com ISBD**

P289c
    Passos, Célia
        Caderno do Futuro: Matemática / Célia Passos, Zeneide Silva. - São Paulo : IBEP - Instituto Brasileiro de Edições Pedagógicas, 2022.
        176 p. : il. ; 24cm x 30cm. – (Caderno do Futuro ; v.5)

    Inclui índice.
    ISBN: 978-65-5696-298-6 (aluno)
    ISBN: 978-65-5696-299-3 (professor)

    1. Ensino Fundamental Anos Iniciais. 2. Livro didático. 3. Matemática. 4. Astronomia. 5. Meio ambiente. 6. Seres Vivos. 7. Materiais. 8. Prevenção de doenças. I. Silva, Zeneide. II. Título. III. Série.

2022-2793
CDD 372.07
CDU 372.4

Elaborado por Vagner Rodolfo da Silva - CRB-8/9410
Índice para catálogo sistemático:
1. Educação - Ensino fundamental: Livro didático 372.07
2. Educação - Ensino fundamental: Livro didático 372.4

Impressão Leograf - Maio 2024

4ª edição - São Paulo - 2022
Todos os direitos reservados.

Rua Gomes de Carvalho, 1306, 11º andar, Vila Olímpia
São Paulo – SP – 04547-005 – Brasil – Tel.: (11) 2799-7799
www.editoraibep.com.br

SUMÁRIO

BLOCO 1 • Revisão 4
NÚMEROS NATURAIS
Sistema de Numeração Decimal
Leitura e escrita
Valor absoluto e valor relativo
PROPRIEDADES DAS OPERAÇÕES
Adição
Subtração
Problemas
Multiplicação
Multiplicação por 10, 100, 1000
Divisão
Divisão por 10, 100, 1000
Problemas

BLOCO 2 • Geometria 22
SÓLIDOS GEOMÉTRICOS
PRISMAS E PIRÂMIDES
Planificação
Número de faces, vértices e arestas

BLOCO 3 • Números 29
MÚLTIPLOS E DIVISORES
Múltiplos de um número natural
Divisores de um número natural
RACIOCÍNIO COMBINATÓRIO
Princípio multiplicativo e diagrama de árvore

BLOCO 4 • Números 41
NÚMEROS RACIONAIS
Representação de números decimais com Material Dourado
Números racionais na forma decimal
LOCALIZAÇÃO DE NÚMEROS DECIMAIS NA RETA NUMÉRICA
Números entre 0 e 1
Números maiores do que 1
OPERAÇÕES COM NÚMEROS DECIMAIS
Adição e subtração
Multiplicação
Divisão
Multiplicação de número decimal por 10, 100, 1000
Divisão de número decimal por 10, 100, 1000

BLOCO 5 • Números 53
NÚMEROS RACIONAIS NA FORMA FRACIONÁRIA
Fração
Fração própria, fração imprópria e número misto
Frações equivalentes
Simplificação de frações
LOCALIZAÇÃO DE FRAÇÕES NA RETA NUMÉRICA
Frações menores do que 1
Frações maiores do que 1
FRAÇÃO DE UM NÚMERO NATURAL
Problemas
PORCENTAGEM
Problemas
OPERAÇÕES COM FRAÇÕES
Adição e subtração
Operações com números mistos
Multiplicação e divisão
Entendendo a divisão de uma fração

BLOCO 6 • Geometria 81
LOCALIZAÇÃO
Coordenadas no quadriculado
Plano cartesiano
Coordenadas cartesianas
Localização de pontos no plano
MOVIMENTAÇÃO E MUDANÇA DE DIREÇÃO

BLOCO 7 • Geometria 89
ÂNGULOS
Ângulo reto, ângulo agudo, ângulo obtuso
POLÍGONOS
Polígonos: nome conforme número de lados
Classificação dos triângulos quanto aos lados
Classificação dos triângulos quanto aos ângulos
Classificação dos quadriláteros
FIGURAS CONGRUENTES
Construção de uma figura congruente
AMPLIAÇÃO E REDUÇÃO DE FIGURAS
DEFORMAÇÃO DE FIGURAS
ESCALA DE UM DESENHO OU MAPA
Escala
Escala de mapas

BLOCO 8 • Pensamento algébrico 106
SENTENÇAS MATEMÁTICAS
Relação de igualdade
CÁLCULO DE UM TERMO DESCONHECIDO
Propriedades da igualdade
Problemas
Cálculo mental
PROPORCIONALIDADE
Proporção: ingredientes de uma receita
Partilha em partes desiguais

BLOCO 9 • Grandezas e medidas 115
NOSSO DINHEIRO
Problemas

BLOCO 10 • Grandezas e medidas 121
MEDIDAS DE COMPRIMENTO
Perímetro
Problemas
MEDIDAS DE CAPACIDADE
Problemas
MEDIDAS DE MASSA
Problemas

BLOCO 11 • Grandezas e medidas 133
ÁREAS E PERÍMETROS
Área
Áreas e perímetros em malha quadriculada
VOLUME: EMPILHAMENTOS

BLOCO 12 • Grandezas e medidas 140
MEDIDAS DE TEMPO
Outras unidades de medidas de tempo
Problemas
MEDIDAS DE TEMPERATURA
Termômetro
Temperatura máxima e temperatura mínima
Amplitude térmica

BLOCO 13 • Probabilidade e estatística 149
ANÁLISE DE CHANCES
Espaço amostral
Evento
GRÁFICOS E TABELAS
Gráfico de barras
Gráfico pictórico ou pictograma
Gráfico de colunas justapostas
Gráfico de linhas

Material de apoio 159

Bloco 1: Revisão

CONTEÚDO

NÚMEROS NATURAIS
- Sistema de Numeração Decimal
- Leitura e escrita
- Valor absoluto e valor relativo

PROPRIEDADES DAS OPERAÇÕES
- Adição
- Subtração
- Problemas
- Multiplicação
- Multiplicação por 10, 100, 1000
- Divisão
- Divisão por 10, 100, 1000
- Problemas

NÚMEROS NATURAIS

Sistema de Numeração Decimal

A base do Sistema de Numeração Decimal é 10.

Dez unidades de uma ordem formam uma unidade de ordem imediatamente superior.

Cada algarismo ocupa uma ordem. Três ordens formam uma classe.

Observe o quadro.

Classe dos Bilhões			Classe dos Milhões			Classe dos Milhares			Classe das Unidades		
C	D	U	C	D	U	C	D	U	C	D	U
	5	7	8	3	2	1	4	6	3	0	0

Veja a leitura:

57 bilhões
832 milhões
146 mil
300 unidades

Leitura e escrita

1. Escreva como se leem os seguintes números.

1000 →

1000 000 →

1000 000 000 →

1001 →

1100 →

1100 000 →

1 100 100 →

1 100 000 000 →

1 100 000 100 →

1 100 100 100 →

2. Escreva como se leem os seguintes números.

2 501 →

3 250 000 →

7 000 500 000 →

68 300 200 000 →

8 081 →

5 500 →

9 800 701 →

10 000 999 →

6 666 000 →

4 080 300 550 →

100 900 000 900 →

9 579 300 100 →

Valor absoluto e valor relativo

- **Valor absoluto** (VA) é o valor do algarismo e não depende da posição que ocupa no número.
- **Valor relativo** (VR) é o valor do algarismo dependendo da posição que ocupa no número.

Exemplo:

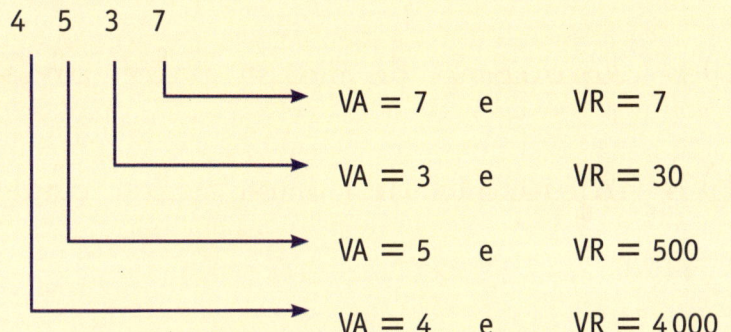

3. Dê os valores absoluto e relativo de cada algarismo assinalado.

Número	Valor absoluto	Valor relativo
74⃝872 432		
6003⃝20		
1⃝279		
493⃝876 132		
5 06⃝3 276		
328⃝412		
4⃝784		
6⃝2 932		
19⃝6		
78⃝9 354		
67⃝90 312		

4. Do número 8 635, escreva:

a) o algarismo de maior valor absoluto:

b) o algarismo de menor valor absoluto:

c) o algarismo de maior valor relativo:

d) o algarismo de menor valor relativo:

e) o valor relativo do algarismo 6:

f) o valor relativo do algarismo 3:

g) o valor relativo do algarismo 8:

5. Escreva com algarismos.

☐ setenta e dois mil, trezentos e dois

☐ cento e quarenta milhões, dois mil e sete

☐ oito mil e quarenta e cinco

☐ três milhões, três mil e quatro

☐ dez mil, trezentos e sete

☐ quarenta milhões, cinco mil e oito

☐ trinta milhões, cento e dois mil e três

6. Decomponha os números como no exemplo.

a) 3721 = 3000 + 700 + 20 + 1

b) 15 945 =

c) 584 =

d) 10 836 =

e) 5 372 =

f) 340 128 =

g) 350 778 =

h) 1 500 000 000 =

i) 900 572 =

7. Escreva por extenso.

a) 754 692 →

b) 486 602 984 →

c) 5 258 420 →

d) 6 539 →

e) 30 672 →

f) 592 385 823 →

g) 132 695 740 →

h) 8 930 →

i) 273 438 →

j) 971 910 280 →

PROPRIEDADES DAS OPERAÇÕES

Adição

- Trocando-se a ordem das parcelas de uma adição, a soma não se altera.
- Subtraindo uma das parcelas da soma, obtemos a outra parcela

Essas propriedades podem ser usadas para verificar se uma adição está correta.

8. Efetue as adições. Depois, verifique se estão corretas.

528 + 372

```
   528        372        900
+  372     +  528     -  372
  ————       ————       ————
   900        900        528
```

a) 349 + 28 =

b) 250 + 85 + 46 =

c) 448 + 302 + 95 =

d) 6498 + 3245 =

e) 2035 + 6821 + 836 =

f) 685 + 3725 + 756 =

g) 26 853 + 45 826 + 32 600 =

h) 1550 + 680 + 320 =

i) 26 890 + 14 738 + 9100 =

Subtração

> Adicionando o resto ao subtraendo, obtém-se o minuendo.
>
> 525 ← minuendo   494
> − 31 ← subtraendo   + 31
> ───────   ───────
> 494 ← resto ou diferença   525
>
> Essa propriedade pode ser usada para verificar se uma subtração está correta.

9. Resolva as operações de subtração e verifique se estão corretas.

a) 8793 − 7214

b) 5232 − 1635

c) 38 674 − 29 218

d) 82 000 − 872

e) 9 632 − 3 217

f) 15 939 − 7 845

g) 3 728 − 1 403

h) 4 500 − 930

10. Efetue as subtrações e verifique se estão corretas.

a) 763 − 242 =

b) 369 − 136 =

c) 476 − 232 =

d) 978 − 523 =

11. Complete os espaços vazios com números ou sinais de (+) ou (−).

893 654	+		=	1 251 605
65 003	−		=	65 001
	−	159 369	=	99 285
26 894	+		=	237 552
478 632	−		=	156 664
	+	156 354	=	1 002 730
1 023 984	−	362	=	
	−	84 633	=	10 999
4 298 034	+	75	=	
3 332 201	−		=	3 332 199
489	+		=	878
	−	5 429	=	1 152
40 500	+		=	620 556
30 920	−	10 900	=	
170 000	+	99 000	=	269 000
400 000	−		=	381 990

Problemas

12. Anita nasceu em 2012. Em que ano ela fará 25 anos?

    Cálculo   Resposta

13. Um padeiro assou 195 pães de queijo e 176 pães doces. Quantos pães o padeiro assou ao todo?

    Cálculo   Resposta

14. Luciano nasceu em 2005 e tem um irmão 7 anos mais velho. Em que ano nasceu o irmão de Luciano?

    Cálculo   Resposta

15. A soma de dois números é igual a 4 690. Se um dos números é 1 592, qual é o outro?

    Cálculo   Resposta

16. Em 2014, Rosa completou 33 anos. Em que ano ela nasceu?

    Cálculo   Resposta

17. A diferença entre dois números é 48, e o minuendo é 72. Qual é o subtraendo?

    Cálculo   Resposta

18. Pepeu tem 6 anos e seu pai tem 34. A idade da mãe é a diferença entre a idade do pai e a do filho. Qual é a idade dela?
   Cálculo   Resposta

19. A soma de três números é 7 168. O primeiro é 2 481, e o segundo, 3 963. Qual é o terceiro?
   Cálculo   Resposta

20. Uma escola tem 620 alunos, sendo 280 no primeiro período e 230 no segundo. Quantos alunos há no terceiro período?
   Cálculo   Resposta

21. Tenho de pagar duas dívidas, uma de R$ 58,00 e outra de R$ 89,00. Quanto me falta, se já tenho R$ 120,00?
   Cálculo   Resposta

22. Uma pessoa que fez 48 anos em 2015 completou 32 anos em que ano?
   Cálculo   Resposta

23. Juliana tem 210 figurinhas. Carla tem 36 figurinhas a mais do que Juliana, e Sílvia tem 75 figurinhas a menos do que Carla. Quantas figurinhas Sílvia tem?
   Cálculo   Resposta

24. Mamãe é costureira. Ela comprou 45 botões vermelhos e 38 azuis. Quantos botões faltam para completar um cento?
    Cálculo   Resposta

25. Em uma adição, a primeira parcela é 304, a segunda é 68 a menos do que a primeira, e a terceira é o dobro da segunda. Qual é o total?
    Cálculo   Resposta

26. Vovô tem 74 anos. Eu tenho 15 anos. Mamãe é 23 anos mais velha do que eu. Quantos anos mamãe é mais nova do que vovô?
    Cálculo   Resposta

Multiplicação

- Trocando-se a ordem dos fatores, o produto não se altera.

    $9 \times 7 = 7 \times 9$

- Associando-se 3 ou mais fatores de modos diferentes, o produto não se altera.

    $5 \times 2 \times 6 = (5 \times 2) \times 6 = 5 \times (2 \times 6)$

- **Propriedade distributiva:** para multiplicar um número por uma soma ou diferença, multiplicamos cada termo da soma ou diferença por esse número e, em seguida, somamos ou subtraímos os produtos obtidos.

    $4 \times (5 + 8) = (4 \times 5) + (4 \times 8)$
    $3 \times (8 - 2) = (3 \times 8) - (3 \times 2)$

27. Complete, associando os fatores de modos diferentes.

    a) $4 \times 3 \times 1 =$

    b) $7 \times 8 \times 4 =$

    c) $9 \times 5 \times 1 =$

28. Complete, aplicando a propriedade distributiva.
a) 3 × (6 − 3) =
b) 6 × (7 − 5) =
c) 5 × (3 + 9) =
d) 2 × (8 + 7) =

29. Efetue as multiplicações e verifique se o resultado está correto.

a) 375 × 42 =

b) 826 × 334 =

c) 962 × 86 =

d) 650 × 178 =

e) 540 × 429 =

f) 741 × 275 = ☐

e) 1 887 × 242

f) 3 586 × 194

30. Efetue as multiplicações.

a) 528 × 243

b) 970 × 75

c) 719 × 386

d) 842 × 408

31. Efetue as seguintes multiplicações e veja os curiosos resultados.

a) 12 345 679
   ×   18

b) 12 345 679
   ×   72

c) 12 345 679
   ×   27

d) 12 345 679
   ×   36

e) 12 345 679
   ×   54

f) 12 345 679
   ×   45

g) 12 345 679
   ×   63

h) 12 345 679
   ×   81

Divisão

Divisão: é a operação inversa da multiplicação.

Símbolo: ÷

Lê-se: dividido por.

dividendo → 17 | 3 ← divisor
resto → 2   5 ← quociente

Quociente × Divisor + Resto = Dividendo

5 × 3 + 2 = 17

Na divisão de números naturais, o quociente é sempre menor ou igual ao dividendo. O resto é sempre menor que o divisor.

Multiplicação por 10, 100, 1 000

Para multiplicar um número natural por 10, por 100 ou por 1000, basta acrescentar um, dois ou três zeros à direita desse número.

Exemplos:

24 × 10 = 240
362 × 100 = 36 200
56 × 1 000 = 56 000

32. Efetue as multiplicações.

14 × 100 =
8 × 1 000 =
368 × 100 =
85 × 1 000 =
106 × 10 =
94 × 100 =
94 × 1 000 =
10 × 1 000 =
402 × 100 =
729 × 1 000 =

33. Efetue as divisões e verifique se estão corretas.

a) 9 744 | 95

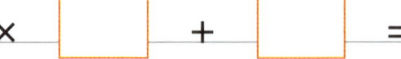

16

b) 378 561 | 131

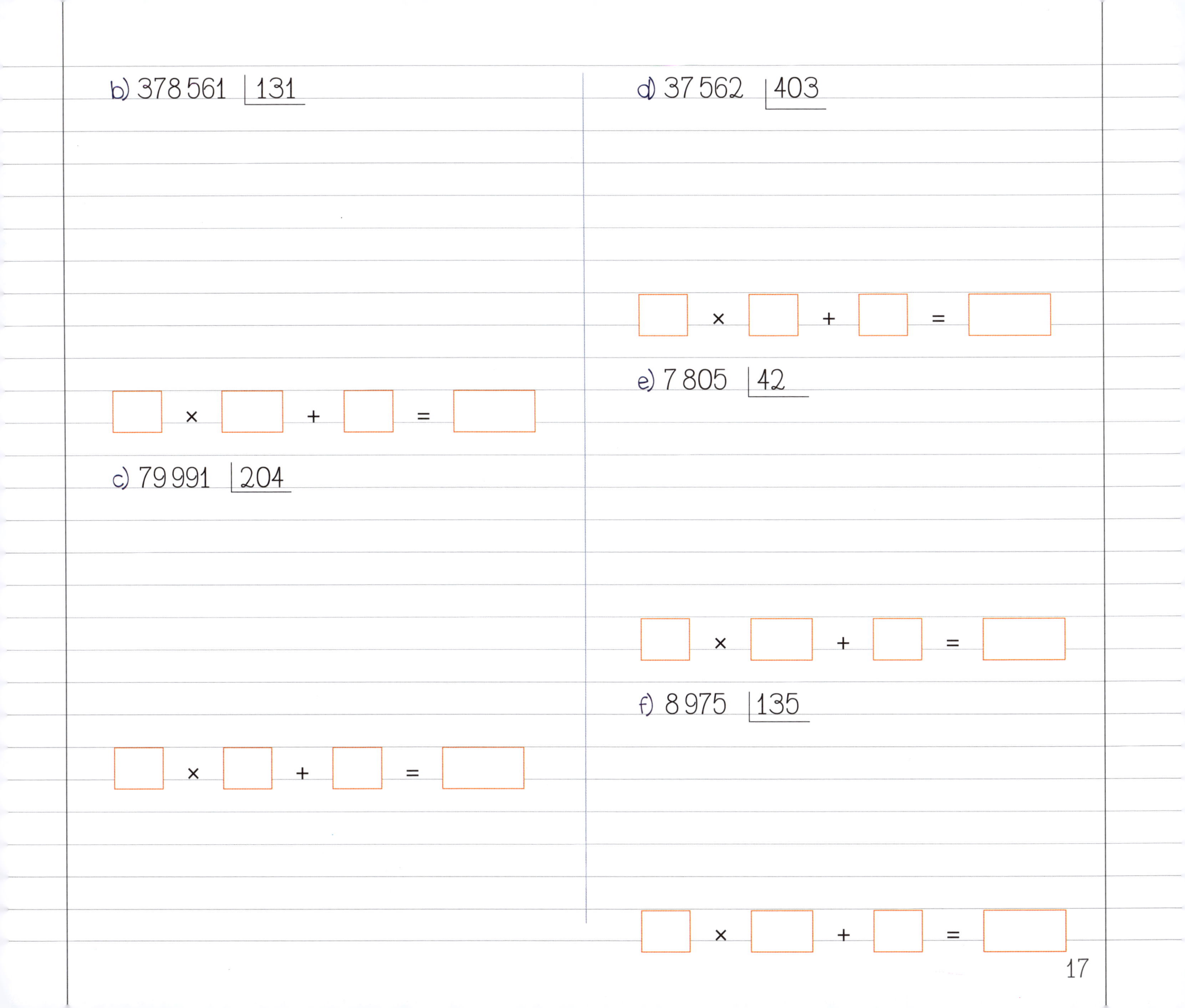

☐ × ☐ + ☐ = ☐

c) 79 991 | 204

☐ × ☐ + ☐ = ☐

d) 37 562 | 403

☐ × ☐ + ☐ = ☐

e) 7 805 | 42

☐ × ☐ + ☐ = ☐

f) 8 975 | 135

☐ × ☐ + ☐ = ☐

g) 800 003 |102

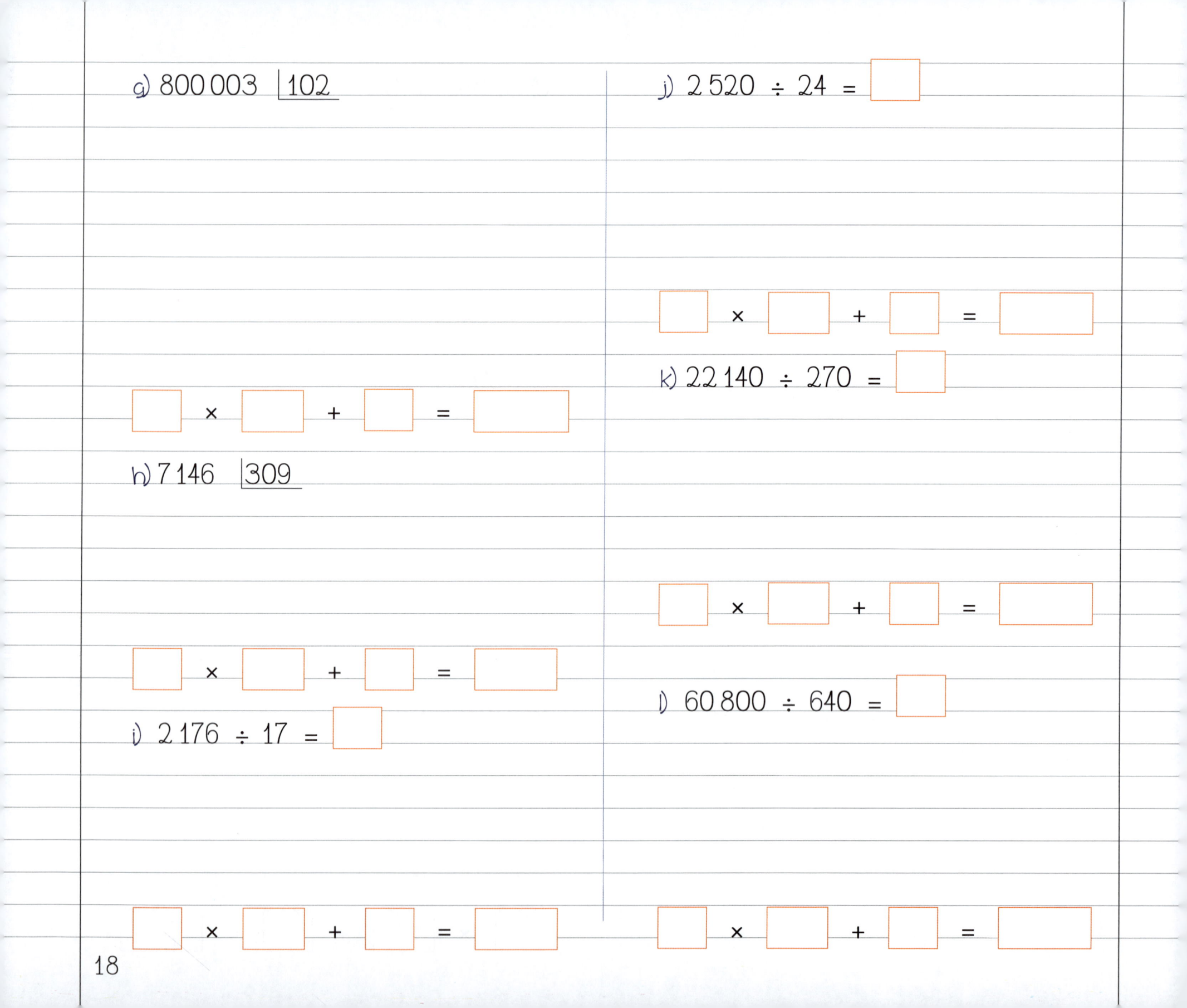

☐ × ☐ + ☐ = ☐

h) 7 146 |309

☐ × ☐ + ☐ = ☐

i) 2 176 ÷ 17 = ☐

☐ × ☐ + ☐ = ☐

j) 2 520 ÷ 24 = ☐

☐ × ☐ + ☐ = ☐

k) 22 140 ÷ 270 = ☐

☐ × ☐ + ☐ = ☐

l) 60 800 ÷ 640 = ☐

☐ × ☐ + ☐ = ☐

Divisão por 10, 100, 1000

> Para dividir um número terminado em zero por 10, por 100 ou por 1 000, basta eliminar um, dois ou três zeros desse número.
>
> Exemplos:
>
> 200 ÷ 10 = 20
> 3 500 ÷ 100 = 35
> 8 000 ÷ 1 000 = 8

34. Efetue as divisões.

630 ÷ 10 = ☐
8 000 ÷ 100 = ☐
560 ÷ 10 = ☐
2 600 ÷ 100 = ☐
3 600 ÷ 10 = ☐
20 000 ÷ 1 000 = ☐
370 ÷ 10 = ☐
4 600 ÷ 100 = ☐
58 000 ÷ 1 000 = ☐
4 500 ÷ 100 = ☐
1 500 ÷ 100 = ☐
76 000 ÷ 100 = ☐

35. Assinale o resultado correto de cada operação.

Operação	Resultado			
6 213 + 2 685	964	9 206	7 348	8 898
1 086 + 3 244	5 330	433	4 330	4 033
8 723 − 1 695	7 028	9 028	7 172	8 028
6 000 − 154	6 154	5 846	5 906	509
237 × 8	948	1 815	1 602	1 896
450 × 9	4 050	5 040	3 650	4 055
368 ÷ 8	460	46	54	62
306 ÷ 17	8	18	108	15
515 ÷ 5	13	105	35	103
4 005 ÷ 5	810	800	801	81

Problemas

36. Um teatro tem 64 fileiras de poltronas, e cada fileira tem 35 poltronas. Qual é a lotação desse teatro?

   Cálculo   Resposta

37. Em uma multiplicação, um fator é 684 e o outro é 76. Qual é o produto?

   Cálculo   Resposta

38. Romeu comprou 30 caixas com 100 canetas em cada uma. Quantas canetas ele comprou?

   Cálculo   Resposta

39. Uma costureira distribuiu igualmente quatro centenas e meia de peças de roupa a 45 crianças. Quantas peças de roupa recebeu cada criança?

   Cálculo   Resposta

40. Para construir 10 casas iguais, utilizaram-se 35 000 tijolos. Quantos tijolos foram usados em cada casa?

   Cálculo   Resposta

41. Uma doceira distribuiu igualmente 168 doces entre 8 vendedores. Quantos doces recebeu cada vendedor?

　　　Cálculo　　　　　Resposta

42. Em um teatro cabem 768 pessoas. Em cada fileira, sentam-se 32 pessoas. Quantas fileiras de cadeiras há no teatro?

　　　Cálculo　　　　　Resposta

43. Em uma divisão, o dividendo é 1 987, e o divisor é 15. Qual é o quociente? E o resto?

　　　Cálculo　　　　　Resposta

Bloco 2: Geometria

CONTEÚDO

SÓLIDOS GEOMÉTRICOS

PRISMAS E PIRÂMIDES
- Planificação
- Número de faces, vértices e arestas

SÓLIDOS GEOMÉTRICOS

Alguns sólidos geométricos já são conhecidos.

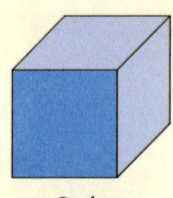
Cubo

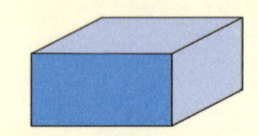
Bloco retangular

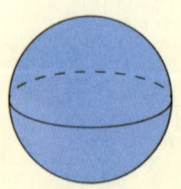
Esfera

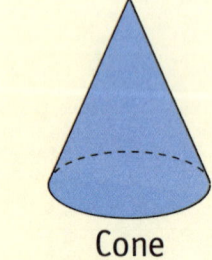
Cone

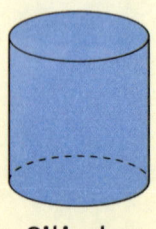
Cilindro

Pirâmide

1. Desses sólidos citados, quais são chamados de corpos redondos?

2. O que são corpos redondos? E o que são corpos não redondos?

3. Ao lado de cada planificação, faça o desenho de como você imagina cada caixa montada.

a)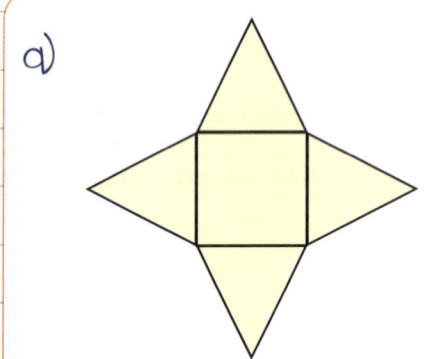

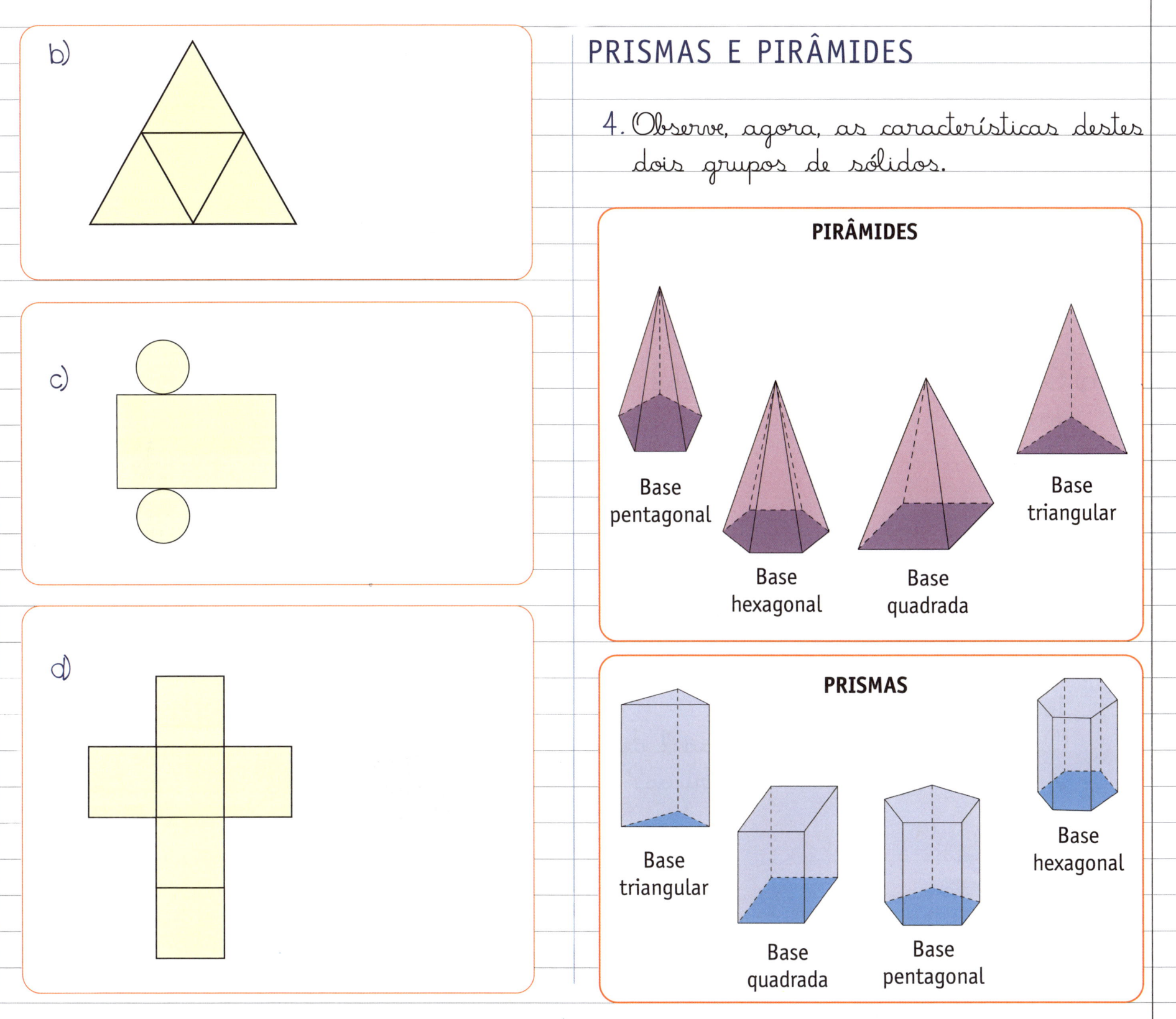

a) O que todos os sólidos do 1º grupo (pirâmides) têm em comum?

b) O que diferencia as pirâmides dos prismas?

c) O que todos os sólidos do 2º grupo têm em comum?
Qual é a característica principal desse 2º grupo de sólidos geométricos?

Planificação

PRISMAS

Os prismas são sólidos geométricos que têm bases paralelas, e todas as faces laterais são retangulares. As bases são polígonos regulares: triângulo equilátero, quadrado, pentágono, hexágono etc.

Prisma de base triangular.

Prisma de base quadrada.

Prisma de base pentagonal.

Prisma de base hexagonal.

Veja, a seguir, a planificação de alguns prismas.

5. Recorte as planificações apresentadas no fim do volume, monte cada modelo de sólido e explore suas características, como quantidades de vértices, arestas e faces.

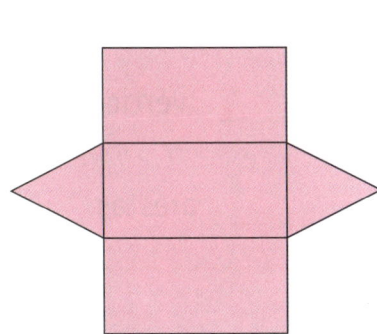

Planificação de prisma de base triangular.

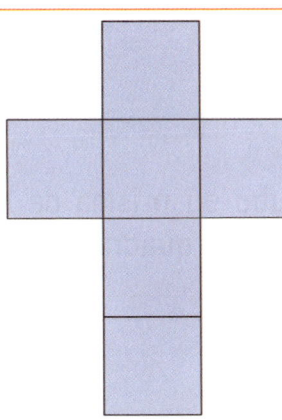

Planificação de prisma de base quadrada.

Planificação de prisma de base pentagonal.

Planificação de prisma de base hexagonal.

PIRÂMIDES

Pirâmides são sólidos geométricos que têm uma base que é um polígono regular (triângulo equilátero, quadrado, pentágono, hexágono etc.), e todas as faces laterais são triangulares.

O vértice da pirâmide se localiza no lado oposto à base.

Pirâmide de base triangular.

Pirâmide de base quadrada.

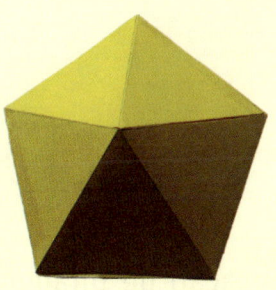

Pirâmide de base pentagonal.

Pirâmide de base hexagonal.

6. Agora, veja a planificação de algumas pirâmides.
Recorte as planificações apresentadas no fim do volume, monte cada modelo de sólido, e explore suas características, como quantidades de vértices, arestas e faces.

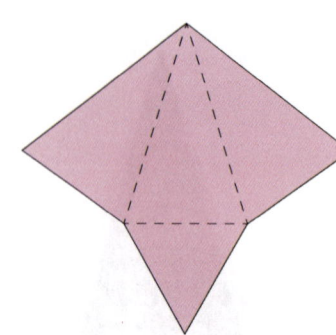
Planificação de pirâmide de base triangular.

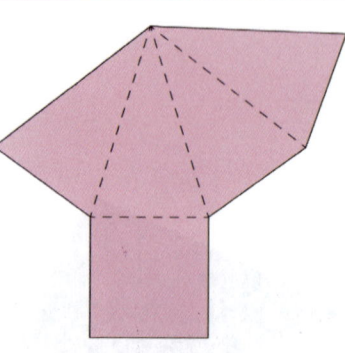
Planificação de pirâmide de base quadrada.

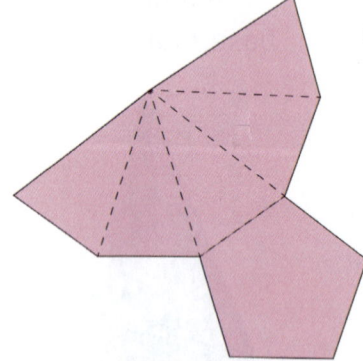
Planificação de pirâmide de base pentagonal.

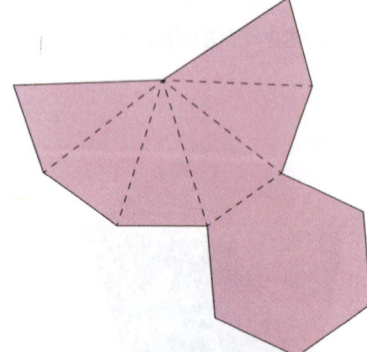
Planificação de pirâmide de base hexagonal.

Número de faces, vértices e arestas

7. Usando os modelos de prismas e pirâmides que você montou, complete com os números de faces, vértices e arestas.

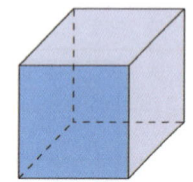
Cubo ou prisma de base quadrada

_____ faces

_____ vértices

_____ arestas

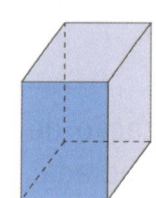
Bloco retangular ou prisma de base quadrada

_____ faces

_____ vértices

_____ arestas

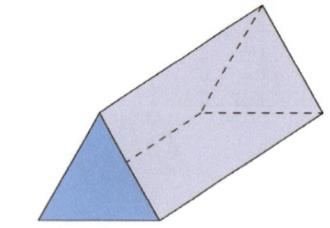
Prisma de base triangular

_____ faces

_____ vértices

_____ arestas

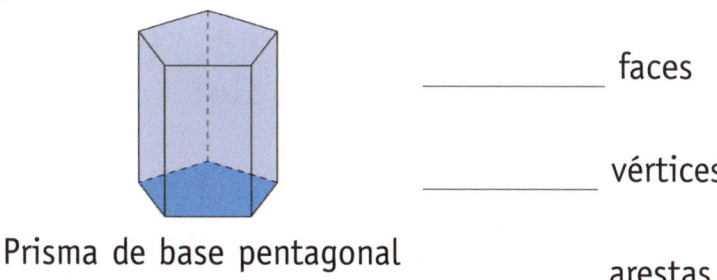
Prisma de base pentagonal

_____ faces
_____ vértices
_____ arestas

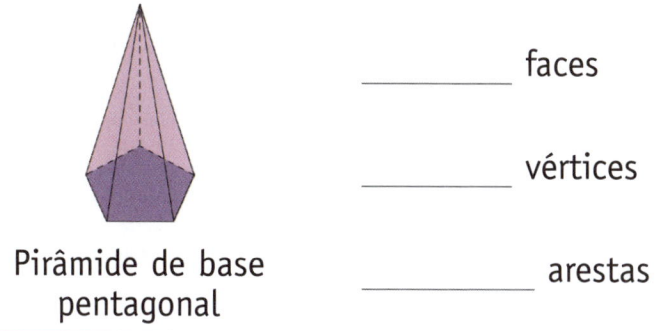
Pirâmide de base pentagonal

_____ faces
_____ vértices
_____ arestas

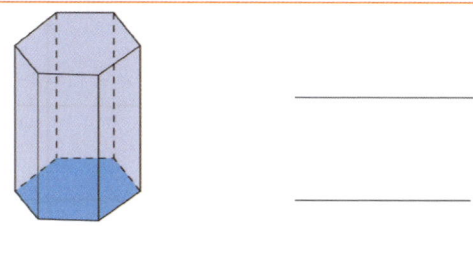
Prisma de base hexagonal

_____ faces
_____ vértices
_____ arestas

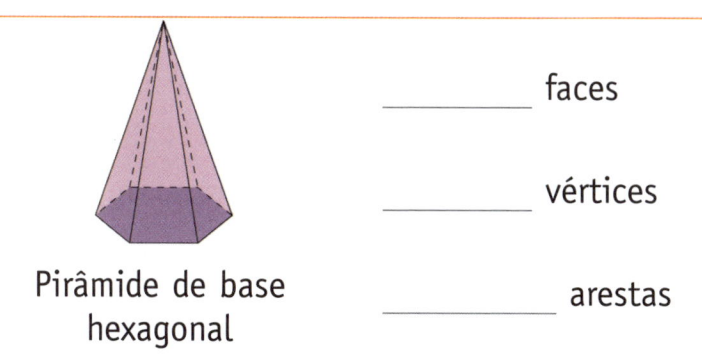
Pirâmide de base hexagonal

_____ faces
_____ vértices
_____ arestas

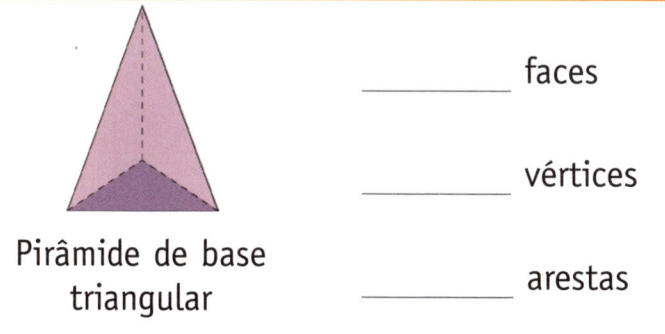
Pirâmide de base triangular

_____ faces
_____ vértices
_____ arestas

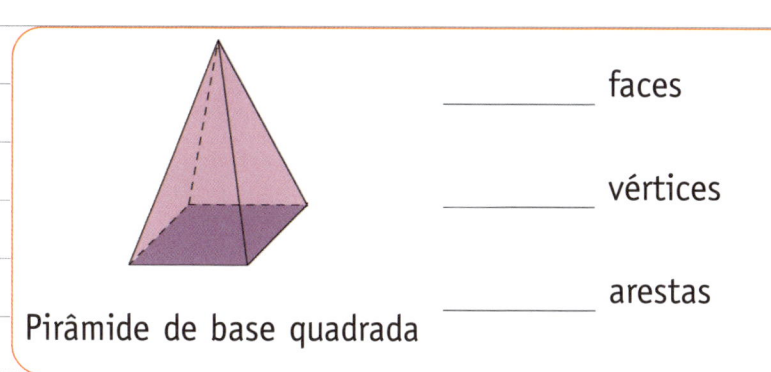
Pirâmide de base quadrada

_____ faces
_____ vértices
_____ arestas

27

8. Complete. Utilize os modelos de sólidos, se necessário.

a) O prisma tem duas _____ iguais e paralelas.

b) As faces laterais do prisma têm forma de _____.

c) O número de faces de um prisma é igual ao número de _____, que são 2; mais o número de faces _____.

d) O número de faces laterais do prisma é igual ao número de lados do polígono da _____.

e) O _____ da pirâmide fica do lado oposto à _____.

f) A base da pirâmide é um _____ regular.

g) As faces laterais da pirâmide têm a forma de um _____.

9. Complete este quadro sobre o número de faces, vértices e arestas dos seguintes sólidos geométricos.

PRISMAS	FACES	ARESTAS	VÉRTICES
Base triangular			
Base quadrada			
Base pentagonal			
Base hexagonal			

PIRÂMIDES	FACES	ARESTAS	VÉRTICES
Base triangular			
Base quadrada			
Base pentagonal			
Base hexagonal			

Bloco 3: Números

CONTEÚDO

MÚLTIPLOS E DIVISORES
- Múltiplos de um número natural
- Divisores de um número natural

RACIOCÍNIO COMBINATÓRIO
- Princípio multiplicativo e diagrama de árvore

MÚLTIPLOS E DIVISORES

Múltiplos de um número natural

O conjunto dos múltiplos de um número natural é infinito.

- Zero é múltiplo de todos os números naturais.

  Veja:
  4 × 0 = 0   5 × 0 = 0   6 × 0 = 0   7 × 0 = 0

- Todos os números naturais são múltiplos de 1.

  Observe:
  1 × 3 = 3   1 × 4 = 4   1 × 5 = 5

- Todo número natural é múltiplo de si mesmo.

  Exemplos:
  5 × 1 = 5   6 × 1 = 6   8 × 1 = 8   10 × 1 = 10

1. Encontre os seis primeiros múltiplos dos números naturais a seguir.

a) 3 × 0 = 0
   3 × 1 = ☐
   3 × 2 = ☐
   3 × 3 = ☐
   3 × 4 = ☐
   3 × 5 = ☐

   M(3) =

b) 5 × 0 = 0
   5 × 1 = ☐
   5 × 2 = ☐
   5 × 3 = ☐
   5 × 4 = ☐
   5 × 5 = ☐

   M(5) =

c) 6 × 0 = 0
6 × 1 = ☐
6 × 2 = ☐
6 × 3 = ☐
6 × 4 = ☐
6 × 5 = ☐

M(6) =

d) 8 × 0 = 0
8 × 1 = ☐
8 × 2 = ☐
8 × 3 = ☐
8 × 4 = ☐
8 × 5 = ☐

M(8) =

e) 9 × 0 = 0
9 × 1 = ☐
9 × 2 = ☐
9 × 3 = ☐
9 × 4 = ☐
9 × 5 = ☐

M(9) =

2. Escreva os sete primeiros múltiplos de:

2 →

7 →

12 →

15 →

4 →

5 →

10 →

9 →

6 →

20 →

25 →

50 →

100 →

3. Encontre os múltiplos de:

- 5, compreendidos entre 9 e 36.

  M(5) =

- 6, compreendidos entre 15 e 55.

  M(6) =

- 4, compreendidos entre 10 e 42.

  M(4) =

- 9, compreendidos entre 50 e 100.

  M(9) =

- 12, compreendidos entre 59 e 129.

  M(12) =

- 100, compreendidos entre 100 e 1000.

  M(100) =

4. Escreva cinco múltiplos de:

- 6, maiores que 50 →
- 8, maiores que 50 →
- 9, maiores que 50 →
- 10, maiores que 50 →
- 12, maiores que 50 →
- 18, maiores que 50 →
- 22, maiores que 50 →
- 25, maiores que 50 →

5. Assinale os números múltiplos de:

12	60	46	24	72	48
15	42	30	68	75	90
18	47	72	36	88	108

Divisores de um número natural

> Divisor de um número é outro número pelo qual ele pode ser dividido exatamente, ou seja, sem deixar resto.
>
> - 1 é divisor de qualquer número natural.
> - Todo número natural é divisor de si mesmo.
> - Zero não é divisor dos números naturais.
>
> Regras para descobrir se um número natural é divisível por outro:
>
> → Por 2: um número é divisível por 2 quando ele é par.
>
> → Por 3: um número é divisível por 3 quando a soma de seus algarismos é um número divisível por 3.
>
> → Por 5: um número é divisível por 5 quando ele termina em 0 ou 5.
>
> → Por 6: um número é divisível por 6 quando é divisível por 2 e por 3.
>
> → Por 9: um número é divisível por 9 quando a soma de seus algarismos é um número divisível por 9.
>
> → Por 10: um número é divisível por 10 quando termina em 0.

6. Encontre os divisores de:

16 ÷ ☐ = 16   18 ÷ ☐ = 18
16 ÷ ☐ = 8   18 ÷ ☐ = 9
16 ÷ ☐ = 4   18 ÷ ☐ = 6
16 ÷ ☐ = 2   18 ÷ ☐ = 3
16 ÷ ☐ = 1   18 ÷ ☐ = 2
                    18 ÷ ☐ = 1

D(16) →
D(18) →
Divisores comuns a 16 e 18 →

12 ÷ ☐ = 12   20 ÷ ☐ = 20
12 ÷ ☐ = 6   20 ÷ ☐ = 10
12 ÷ ☐ = 4   20 ÷ ☐ = 5
12 ÷ ☐ = 3   20 ÷ ☐ = 4
12 ÷ ☐ = 2   20 ÷ ☐ = 2
12 ÷ ☐ = 1   20 ÷ ☐ = 1

D(12) →
D(20) →
Divisores comuns a 12 e 20 →

7. Escreva os divisores de cada número natural.

36 →

54 →

15 →

60 →

90 →

28 →

35 →

24 →

30 →

25 →

8. Escreva os divisores de cada número.

D(6) =

D(9) =

D(8) =

D(14) =

D(17) =

D(19) =

D(22) =

D(31) =

D(32) =

9. Escreva todos os números divisíveis por 2 que estão entre 25 e 49.

10. Dentre os números:

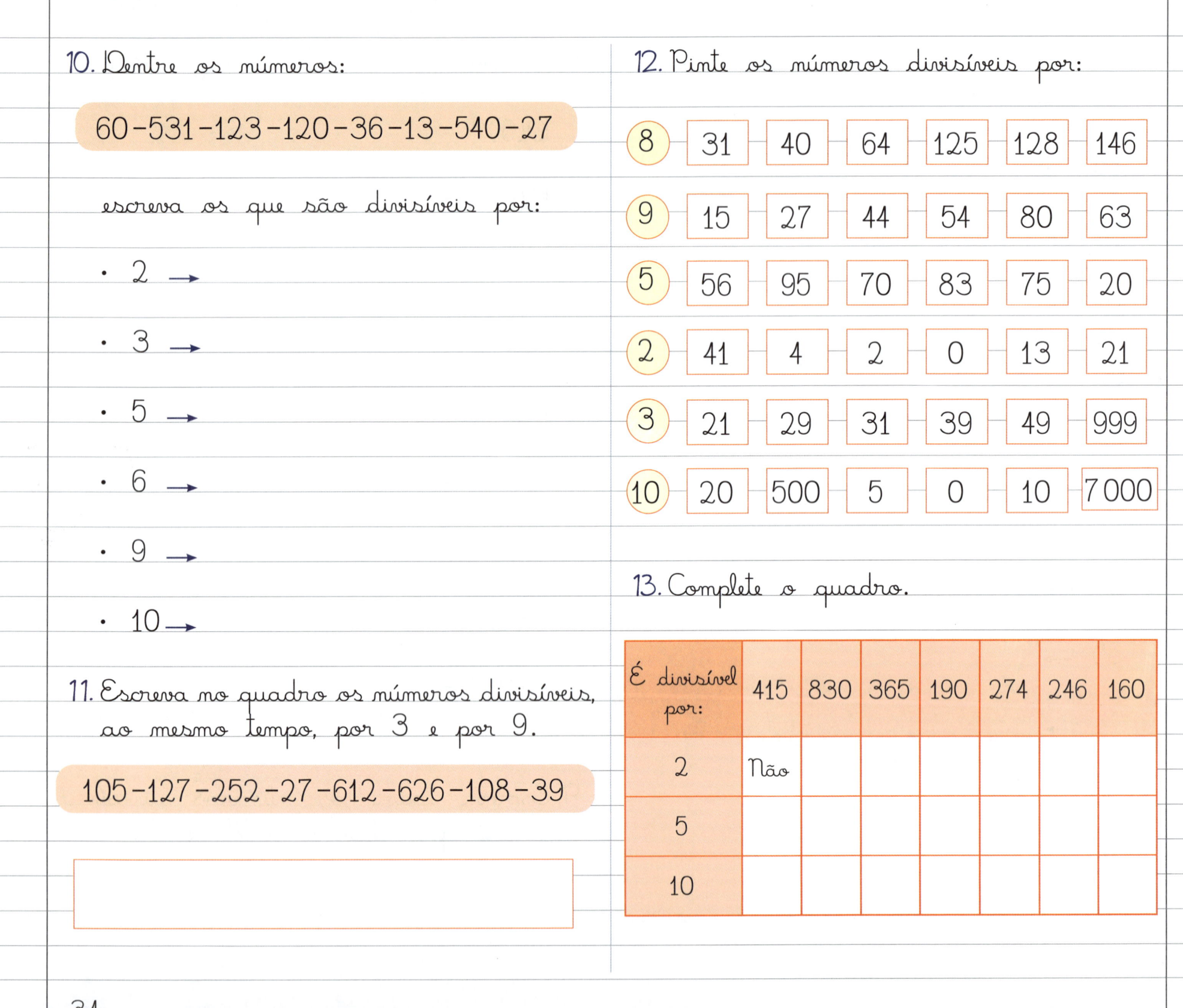

60 – 531 – 123 – 120 – 36 – 13 – 540 – 27

escreva os que são divisíveis por:

- 2 →
- 3 →
- 5 →
- 6 →
- 9 →
- 10 →

11. Escreva no quadro os números divisíveis, ao mesmo tempo, por 3 e por 9.

105 – 127 – 252 – 27 – 612 – 626 – 108 – 39

12. Pinte os números divisíveis por:

8	31	40	64	125	128	146
9	15	27	44	54	80	63
5	56	95	70	83	75	20
2	41	4	2	0	13	21
3	21	29	31	39	49	999
10	20	500	5	0	10	7 000

13. Complete o quadro.

É divisível por:	415	830	365	190	274	246	160
2	Não						
5							
10							

34

RACIOCÍNIO COMBINATÓRIO

Princípio multiplicativo e diagrama de árvore

Observe a seguinte figura de uma bandeira.

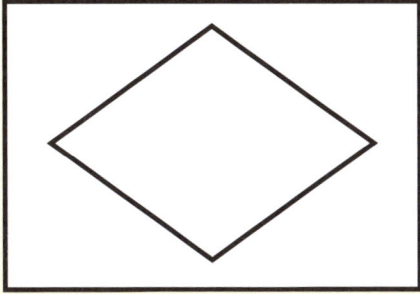

Vou pintar diferentes bandeiras, variando as cores do fundo ou do losango.

Vamos pensar em 2 cores para o fundo e em 2 cores para o losango.

- Fundo: verde ou azul
- Losango: amarelo ou rosa

Veja no esquema a seguir, também chamado de **diagrama de árvore**, todas as possibilidades de diferentes bandeiras usando essas cores.

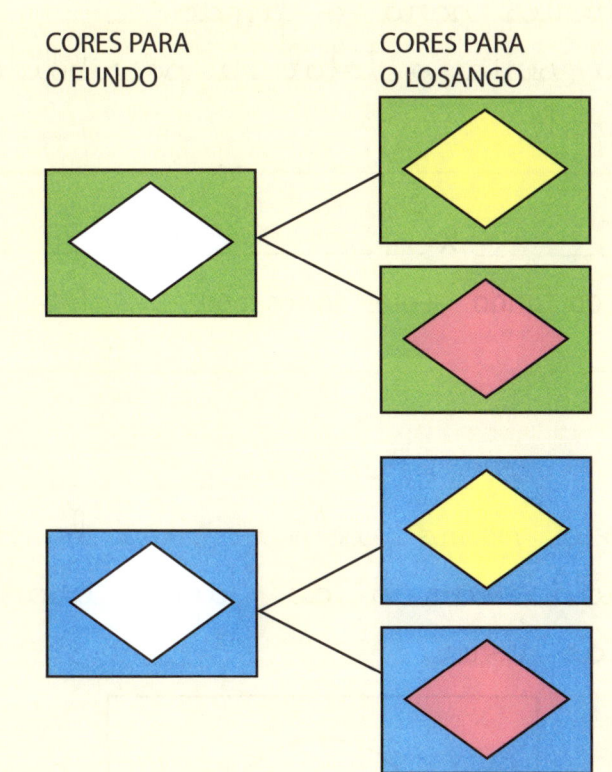

São 2 opções de cores para o fundo e 2 opções de cores para o losango.

O total de possibilidades usando essas cores é dado pela multiplicação:

$$2 \times 2 = 4$$

Esse conceito é também chamado de **Princípio multiplicativo**.

14. Considerando, ainda, o exemplo da bandeira: e se fossem 3 cores diferentes para o fundo? Qual seria o total de possibilidades? Complete.

_____ X _____ = _____
Cores do fundo   Cores do losango   Total

15. Agora, vamos colorir uma bandeira parecida com a do Japão, usando outras cores.

a) Utilize 3 cores diferentes para o fundo e 3 cores diferentes para o círculo.

- Fundo: amarelo, rosa e branco.
- Círculo: verde, vermelho e azul.

Pinte estas bandeiras e descubra quantas são as possibilidades de diferentes bandeiras.

b) Complete.

_____ X _____ = _____
Cores do fundo   Cores do círculo   Total

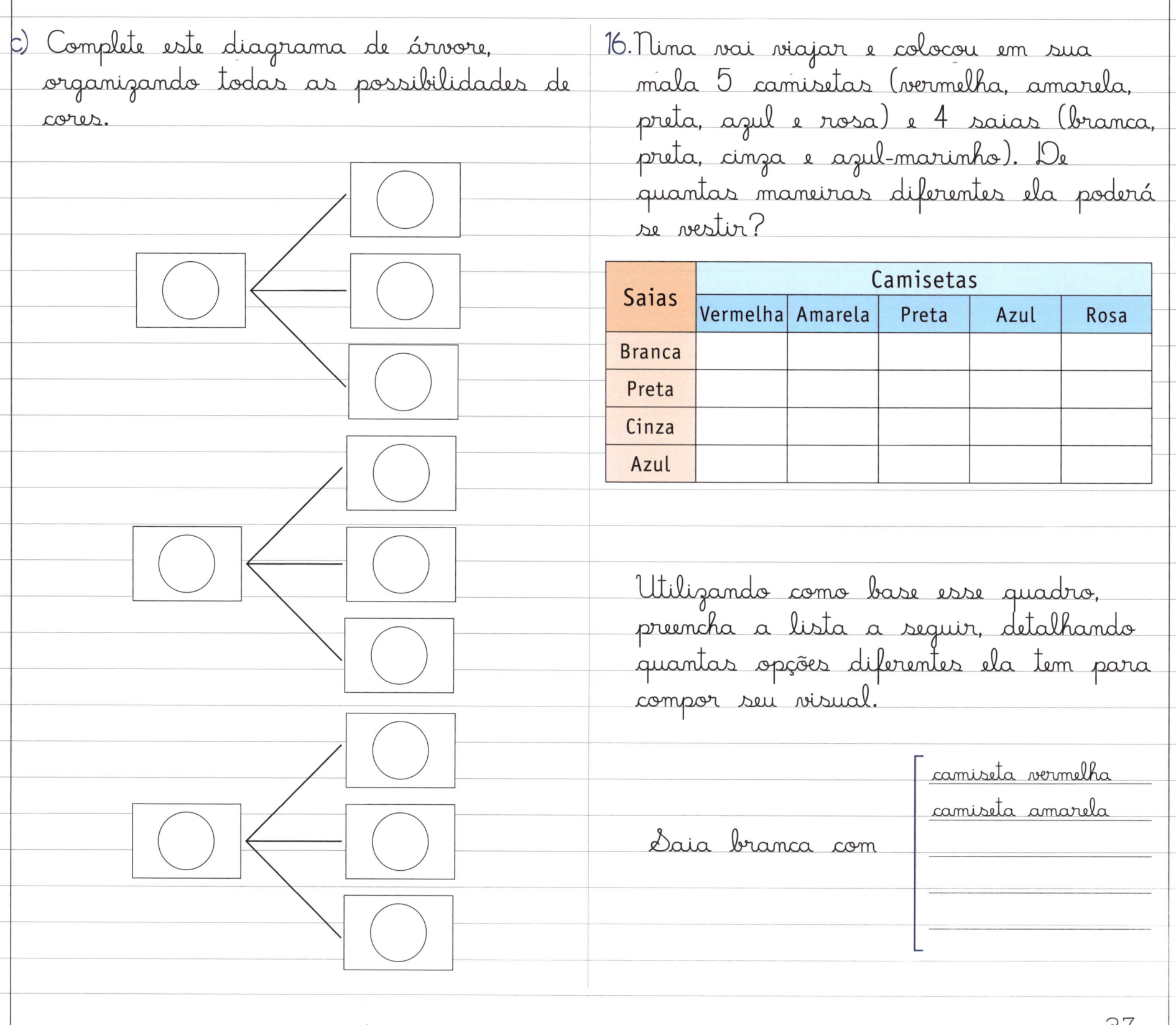

c) Complete este diagrama de árvore, organizando todas as possibilidades de cores.

16. Nina vai viajar e colocou em sua mala 5 camisetas (vermelha, amarela, preta, azul e rosa) e 4 saias (branca, preta, cinza e azul-marinho). De quantas maneiras diferentes ela poderá se vestir?

Saias	Camisetas				
	Vermelha	Amarela	Preta	Azul	Rosa
Branca					
Preta					
Cinza					
Azul					

Utilizando como base esse quadro, preencha a lista a seguir, detalhando quantas opções diferentes ela tem para compor seu visual.

Saia branca com
- camiseta vermelha
- camiseta amarela
-
-
-

Saia preta com [
_____
_____
_____
_____

Saia cinza com [
_____
_____
_____
_____

Saia azul com [
_____
_____
_____
_____
_____

Agora, responda.
a) Quantas saias diferentes ela tem?

b) Quantas camisetas diferentes ela tem?

c) Quantos visuais diferentes ela pode compor usando a saia branca?

d) Quantos visuais diferentes ela pode compor usando a saia preta?

e) Quantas opções diferentes ela tem para se vestir? Mostre com uma multiplicação.

17. Seu André vai preparar um piquenique para seus netos. Ele comprou 3 tipos de pão (francês, bisnaguinha e de forma) e 4 recheios diferentes (queijo branco, presunto, muçarela e peito de peru).

a) Sem misturar os recheios, quantos tipos de sanduíche ele poderá preparar? Mostre com uma multiplicação.

_____	x	_____	=	_____
Tipos de pão		Tipos de recheio		Sanduíches diferentes

b) Descreva 4 tipos diferentes de sanduíches.

1.

2.

3.

4.

18. Uma fábrica de brinquedos faz diferentes bonecas variando o cabelo e as roupas. São 6 tipos de cabelo (loiro ondulado, loiro liso, castanho ondulado, castanho liso, ruivo ondulado e ruivo liso) e 6 cores de vestidos (vermelho, vermelho com bolinhas brancas, azul, azul com bolinhas brancas, amarelo e amarelo com bolinhas pretas).

a) Quantos tipos diferentes de bonecas a fábrica consegue montar?

| _____ | × | _____ | = | _____ |
| Cabelo | | Vestido | | Total de bonecas diferentes |

Resposta:

b) Descreva 5 tipos diferentes de boneca.

1.

2.

3.

4.

5.

Para você pintar.

Bloco 4: Números

CONTEÚDO

NÚMEROS RACIONAIS
- Representação de números decimais com Material Dourado
- Números racionais na forma decimal

LOCALIZAÇÃO DE NÚMEROS DECIMAIS NA RETA NUMÉRICA
- Números entre 0 e 1
- Números maiores do que 1

OPERAÇÕES COM NÚMEROS DECIMAIS
- Adição e subtração
- Multiplicação
- Divisão
- Multiplicação de número decimal por 10, 100, 1000
- Divisão de número decimal por 10, 100, 1000

NÚMEROS RACIONAIS

Representação de números decimais com Material Dourado

Neste bloco, vamos utilizar as peças do Material Dourado para apresentar os números racionais, na forma decimal ou de fração.

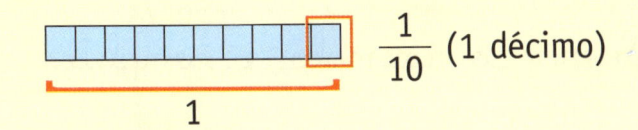

$\frac{1}{10}$ (1 décimo)

$\frac{1}{10}$ → fração decimal ou 0,1 → representação decimal

Então: $\frac{1}{10}$ = 0,1 (Lê-se: um décimo)

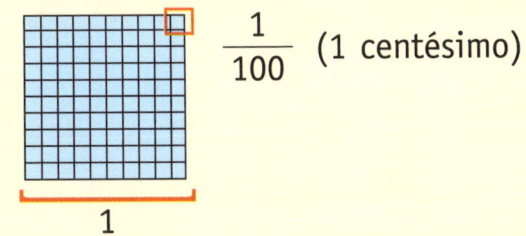

$\frac{1}{100}$ (1 centésimo)

$\frac{1}{100}$ → fração decimal ou 0,01 → representação decimal

Então: $\frac{1}{100}$ = 0,01 (Lê-se: um centésimo)

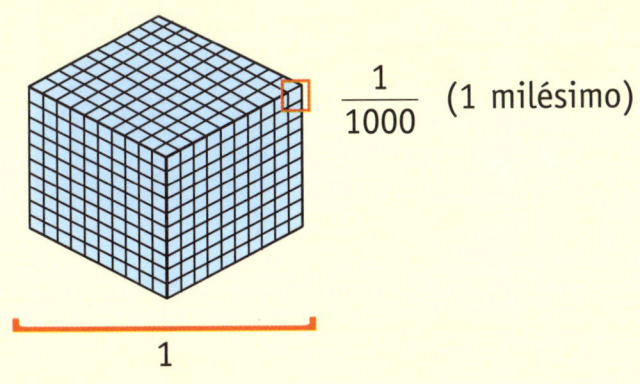

$\frac{1}{1000}$ (1 milésimo)

$\frac{1}{1000}$ → fração decimal ou 0,001 → representação decimal

Então: $\frac{1}{1000}$ = 0,001 (Lê-se: um milésimo)

Números racionais na forma decimal

1. Observe o exemplo e complete.

$\dfrac{3}{10} = 0,3$ Lê-se: 3 décimos

$\dfrac{42}{10} = 4,2$ quatro inteiros e dois décimos

$\dfrac{36}{1000} = 0,036$ trinta e seis milésimos

- Lê-se a parte inteira e, depois, a parte decimal com o nome da última ordem decimal escrita.
- Se a parte inteira for igual a zero, lemos a parte decimal com o nome da última ordem escrita.

$\dfrac{6}{10} = \square$

$\dfrac{5}{100} = \square$

$\dfrac{28}{100} = \square$

$\dfrac{172}{1000} = \square$

$\dfrac{8}{10} = \square$

$\dfrac{49}{100} = \square$

2. Escreva a fração decimal na forma de representação decimal e dê sua leitura.

$\dfrac{57}{1000} = \square$

$\dfrac{135}{100} = \square$

$\dfrac{28}{10} = \square$

42

$\dfrac{575}{1000}$ = ☐

$\dfrac{1620}{1000}$ = ☐

$\dfrac{96}{100}$ = ☐

$\dfrac{58}{100}$ = ☐

$\dfrac{32}{10}$ = ☐

$\dfrac{430}{1000}$ = ☐

3. Escreva como se lê.

3,8 → três inteiros e oito décimos

0,45 →

7,62 →

5,86 →

4,4 →

0,093 →

0,003 →

2,574 →

5,011 →

7,15 →

0,01 →

4. Escreva na forma de representação decimal e fração.

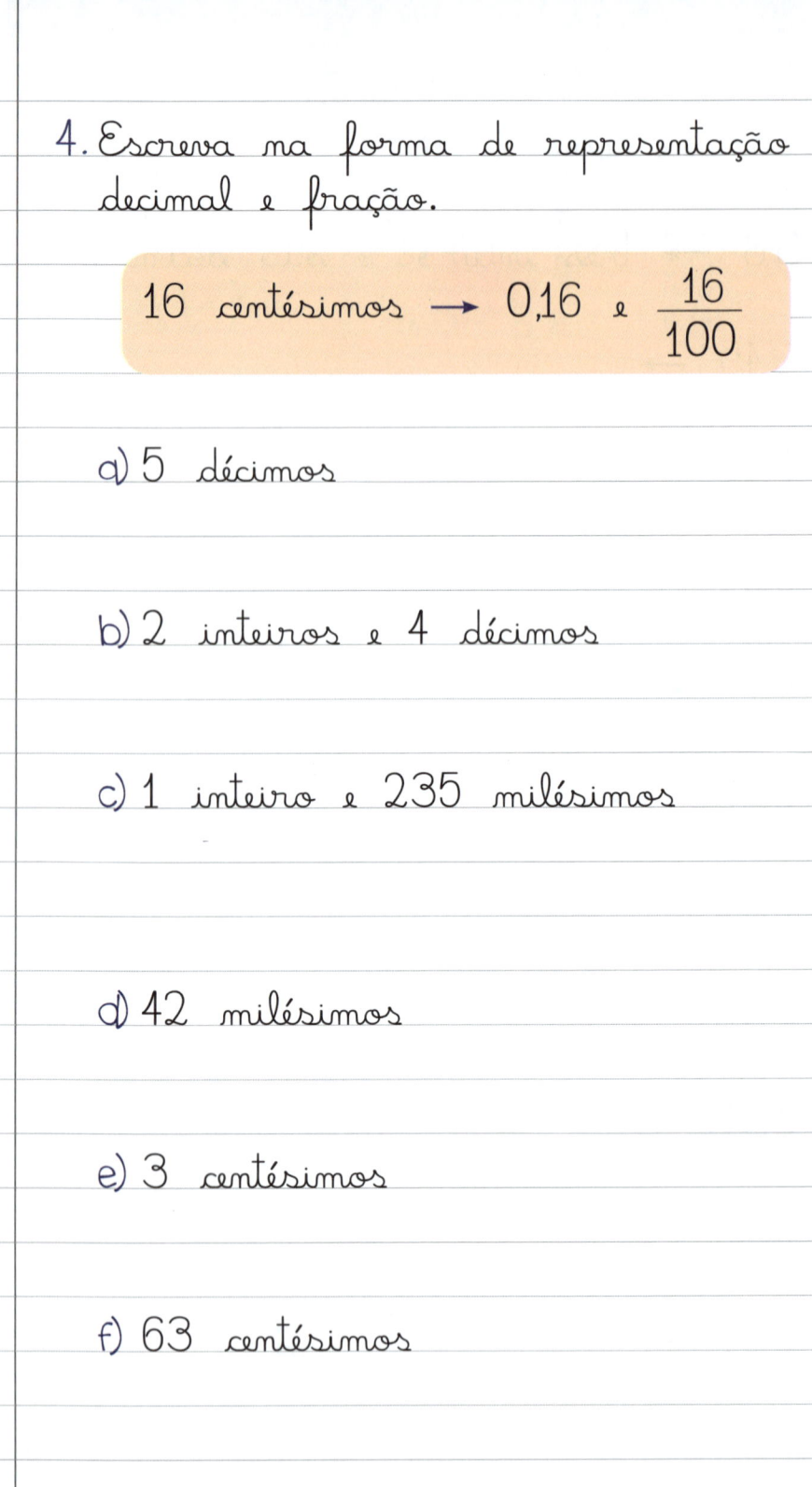

16 centésimos → 0,16 e $\frac{16}{100}$

a) 5 décimos

b) 2 inteiros e 4 décimos

c) 1 inteiro e 235 milésimos

d) 42 milésimos

e) 3 centésimos

f) 63 centésimos

LOCALIZAÇÃO DE NÚMEROS DECIMAIS NA RETA NUMÉRICA

Números entre 0 e 1

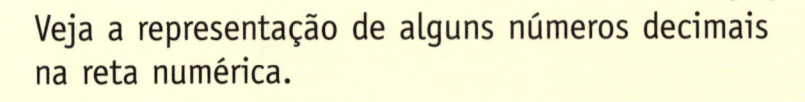

Veja a representação de alguns números decimais na reta numérica.

0 0,1 0,2 0,3 0,4 0,5 0,6 0,7 0,8 0,9 1,0

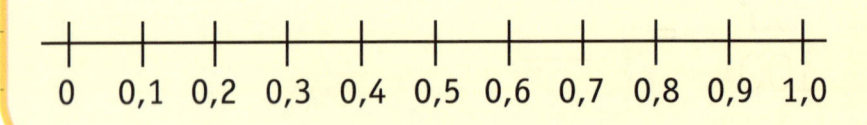

5. Represente os seguintes números na reta numérica abaixo.

a) 0,05   0,15   0,25   0,45   0,75   0,95

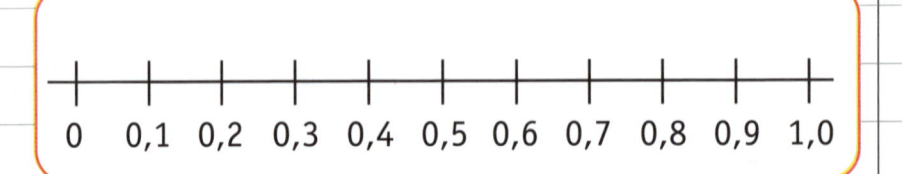

0 0,1 0,2 0,3 0,4 0,5 0,6 0,7 0,8 0,9 1,0

b) 0,02   0,18   0,31   0,49   0,83   0,97

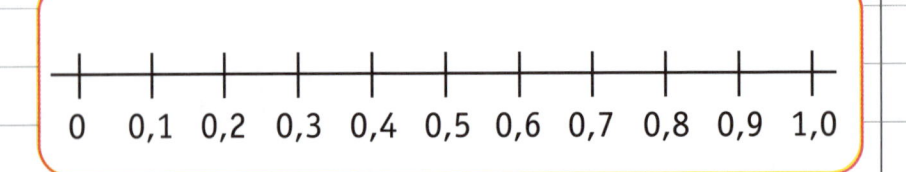

0 0,1 0,2 0,3 0,4 0,5 0,6 0,7 0,8 0,9 1,0

Números maiores do que 1

Veja a localização aproximada de alguns números decimais maiores do que 1 na reta numérica.

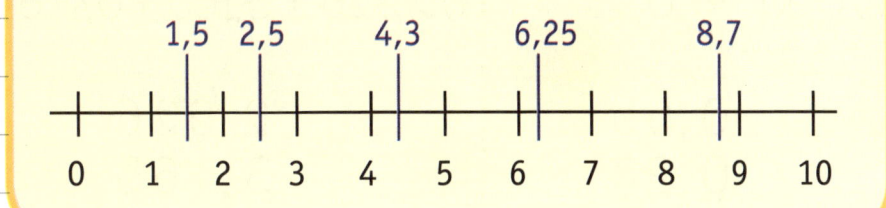

6. Represente os seguintes números decimais na reta numérica.

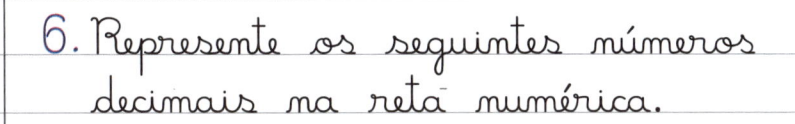

a) 1,2   1,7   2,3   2,8   3,3   4,7

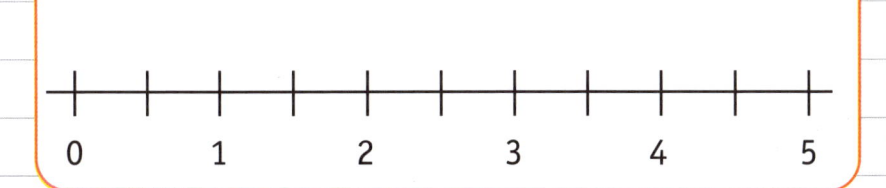

b) 50,5   51,25   54,75   53,2   52,5

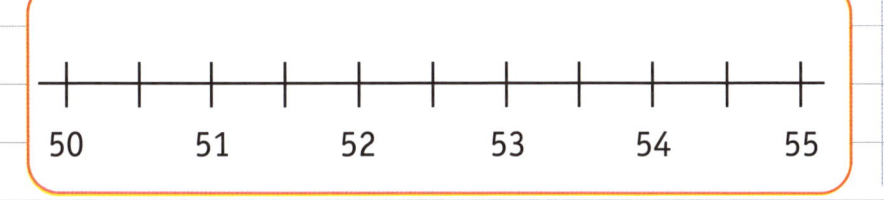

c) 11,5   12,25   10,5   11,75

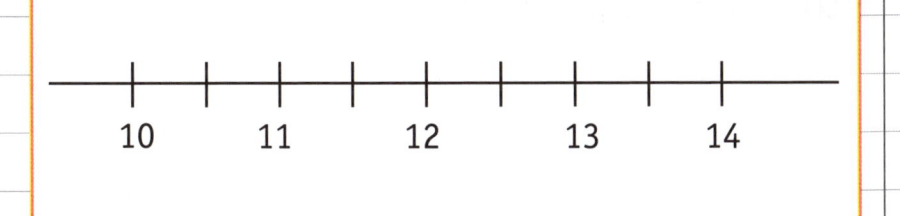

d) 15,5   32,5   58,5   20,5

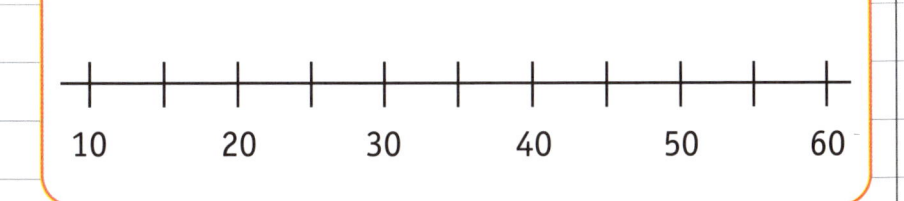

e) 20,5   20,1   20,9   20,25

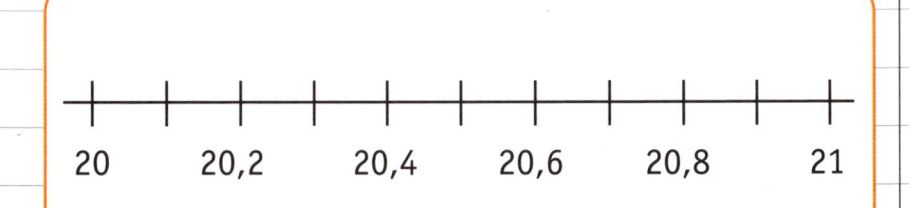

f) 33,3   30,5   32,75   34,25

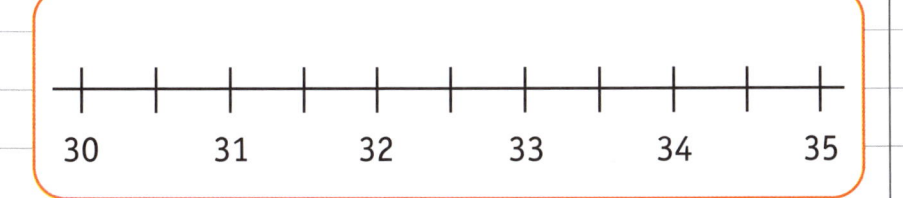

OPERAÇÕES COM NÚMEROS DECIMAIS

Adição e subtração

> Na adição e na subtração com números decimais, vírgula fica embaixo de vírgula. Nessas operações, devemos completar com zero a ordem decimal do número, quando for necessário.
>
> A operação é feita ordem a ordem, tanto na parte decimal como na parte inteira.

7. Observe os exemplos e efetue as adições.

```
 0,325 + 2,541          1,72 + 0,843 + 3,9

    0,325                   1,720
  + 2,541                   0,843
  -------                 + 3,900
    2,866                   -----
                            6,463
```

a) 175,5 + 32,8 + 6,4

```
   175,5
    32,8
 +   6,4
 -------
```

b) 0,008 + 5,423 + 1,971

```
   0,008
   5,423
 + 1,971
 -------
```

c) 0,423 + 0,019

```
   0,423
 + 0,019
 -------
```

d) 3,20 + 2,64

```
   3,20
 + 2,64
 ------
```

e) 0,65 + 0,98

```
   0,65
 + 0,98
 ------
```

f) 2,926 + 3,165 + 0,476

```
   2,926
   3,165
 + 0,476
 -------
```

g) 0,589 + 0,397

```
   0,589
 + 0,397
 -------
```

h) 5,893 + 1,007 + 16,304

```
    5,893
    1,007
 + 16,304
 --------
```

i) 2,360 + 16,430

```
    2,360
 + 16,430
 --------
```

j) 3,433 + 13,555

```
    3,433
 + 13,555
 --------
```

8. Observe os exemplos e efetue as subtrações.

```
  7,643            3,215
- 5,968          - 1,700
  -----            -----
  1,675            1,515
```

a) 0,98 − 0,56
```
  0,98
- 0,56
  ----
```

b) 1,37 − 0,82
```
  1,37
- 0,82
  ----
```

c) 5,625 − 3,439
```
  5,625
- 3,439
  -----
```

d) 0,068 − 0,009
```
  0,068
- 0,009
  -----
```

e) 3,342 − 0,758
```
  3,342
- 0,758
  -----
```

f) 13,29 − 6,97
```
  13,29
-  6,97
  -----
```

g) 0,943 − 0,521
```
  0,943
- 0,521
  -----
```

h) 142,08 − 36,25
```
  142,08
-  36,25
  ------
```

i) 135,6 − 47,8
```
  135,6
-  47,8
  -----
```

j) 4,325 − 0,113
```
  4,325
- 0,113
  -----
```

9. Arme e efetue as operações.

a) 0,5 + 0,23 + 0,678 = ☐

b) 0,008 + 6 + 3,4 = ☐

c) 6,433 + 23,15 = ☐

d) 12,4 + 0,69 + 8 = ☐

e) 2,231 + 0,009 + 3,572 = ☐

f) 45 + 0,006 + 1,75 = ☐

g) 8,5 − 0,79 = ☐

h) 13,8 − 3,64 = ☐

i) 4,25 − 0,8 = ☐

j) 18 − 0,006 = ☐

k) 2,4 − 1,9 = ☐

Multiplicação

> Para multiplicar números decimais, efetuamos a operação como se fossem números naturais e, no produto, colocamos a vírgula considerando o total de casas decimais dos fatores.

$$3,6 \times 3 = 10,8 \qquad 2,43 \times 0,4 = 0,972$$

```
   3,6  ← 1 casa           2,43  ← 2 casas decimais
 ×   3    decimal        ×  0,4  ← 1 casa decimal
 ─────                   ──────
  10,8  ← 1 casa           0,972 ← 3 casas decimais
          decimal
```

10. Efetue as multiplicações.

a) $4,6 \times 0,3 =$ ☐

```
    4,6
 ×  0,3
 ─────
```

b) $7,85 \times 5 =$ ☐

```
   7,85
 ×    5
 ─────
```

c) $61,43 \times 12 =$ ☐

```
   61,43
 ×    12
 ──────
```

d) $0,895 \times 5 =$ ☐

```
   0,895
 ×     5
 ──────
```

e) $18,34 \times 3,2 =$ ☐

```
   18,34
 ×   3,2
 ──────
```

f) $21,2 \times 0,5 =$ ☐

```
    21,2
 ×   0,5
 ──────
```

Divisão

> Para dividir números decimais, igualamos o número de ordens decimais do dividendo e do divisor, eliminamos as vírgulas e efetuamos a divisão como se fossem números naturais.

$2,4 \div 0,8 = 3$

$$\begin{array}{r|l} 2,4 & 0,8 \\ \hline 0 & 3 \end{array}$$

$6 \div 0,3 = 20$

$$\begin{array}{r|l} 6,0 & 0,3 \\ \hline 00 & 20 \end{array}$$

$4,5 \div 0,25 = 18$

$$\begin{array}{r|l} 4,50 & 0,25 \\ \hline 200 & 18 \\ 00 & \end{array}$$

$0,630 \div 0,126 = 5$

$$\begin{array}{r|l} 0,630 & 0,126 \\ \hline 000 & 5 \end{array}$$

11. Efetue as divisões.

a) $3,75 \div 0,15 =$ ☐

b) $0,60 \div 0,12 =$ ☐

c) $12,4 \div 2 =$ ☐

d) $4,2 \div 2 =$ ☐

e) $37,12 \div 5,8 =$ ☐

f) $5 \div 8 =$ ☐

12. Arme e efetue as operações.

a) 8,2 × 14 =

b) 4,6 × 2,5 =

c) 0,5 × 0,3 =

d) 0,453 × 12 =

e) 68,4 ÷ 0,2 =

f) 1,5 ÷ 0,375 =

g) 6,000 ÷ 0,075 =

h) 0,816 ÷ 0,17 =

i) 146,65 ÷ 3,5 =

Multiplicação de um número decimal por 10, 100, 1000

Para multiplicar um número decimal por 10, 100 ou 1 000, deslocamos a vírgula uma, duas ou três ordens decimais para a direita.

6,55 × 10 = 65,5

4,2 × 100 = 420

37,7 × 1 000 = 37 700

0,3 × 1 000 = 300

Divisão de um número decimal por 10, 100, 1000

Para dividir um número decimal por 10, 100 ou 1 000, deslocamos a vírgula uma, duas ou três ordens decimais para a esquerda.

0,5 ÷ 10 = 0,05

2,4 ÷ 100 = 0,024

246,2 ÷ 100 = 2,462

8,7 ÷ 1.000 = 0,0087

13. Resolva as seguintes multiplicações.

a) 2,15 × 10 =

b) 0,84 × 10 =

c) 0,9 × 100 =

d) 2,810 × 100 =

e) 17,80 × 100 =

f) 6,69 × 1000 =

g) 0,347 × 1000 =

14. Efetue as divisões.

a) 15 ÷ 10 =

b) 17,5 ÷ 10 =

c) 53,3 ÷ 100 =

d) 7189 ÷ 100 =

e) 345,6 ÷ 100 =

f) 15,4 ÷ 1000 =

Bloco 5: Números

CONTEÚDO

NÚMEROS RACIONAIS NA FORMA FRACIONÁRIA
- Fração
- Fração própria, fração imprópria e número misto
- Frações equivalentes
- Simplificação de frações

LOCALIZAÇÃO DE FRAÇÕES NA RETA NUMÉRICA
- Frações menores do que 1
- Frações maiores do que 1

FRAÇÃO DE UM NÚMERO NATURAL
- Problemas

PORCENTAGEM
- Problemas

OPERAÇÕES COM FRAÇÕES
- Adição e subtração
- Operações com números mistos
- Multiplicação e divisão
- Entendendo a divisão de uma fração

NÚMEROS RACIONAIS NA FORMA FRACIONÁRIA

Fração

Fração é uma representação de partes de um inteiro, que foi dividido em partes iguais.

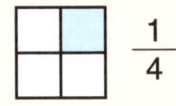

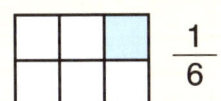

$\frac{1}{4}$

$\frac{1}{6}$

$\frac{1}{4}$ ← **numerador:** parte considerada do inteiro

$\frac{1}{4}$ ← **denominador:** número de partes em que o inteiro foi dividido

1. Em cada figura, pinte a parte indicada pela fração.

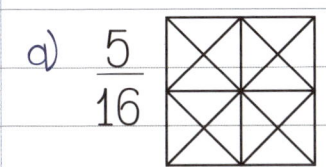

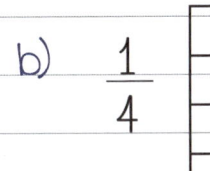

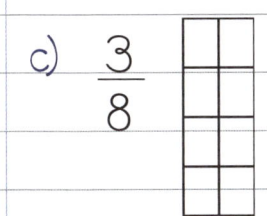

a) $\frac{5}{16}$

b) $\frac{1}{4}$

c) $\frac{3}{8}$

d) $\frac{1}{6}$

2. Em cada quadrado, pinte a fração indicada.

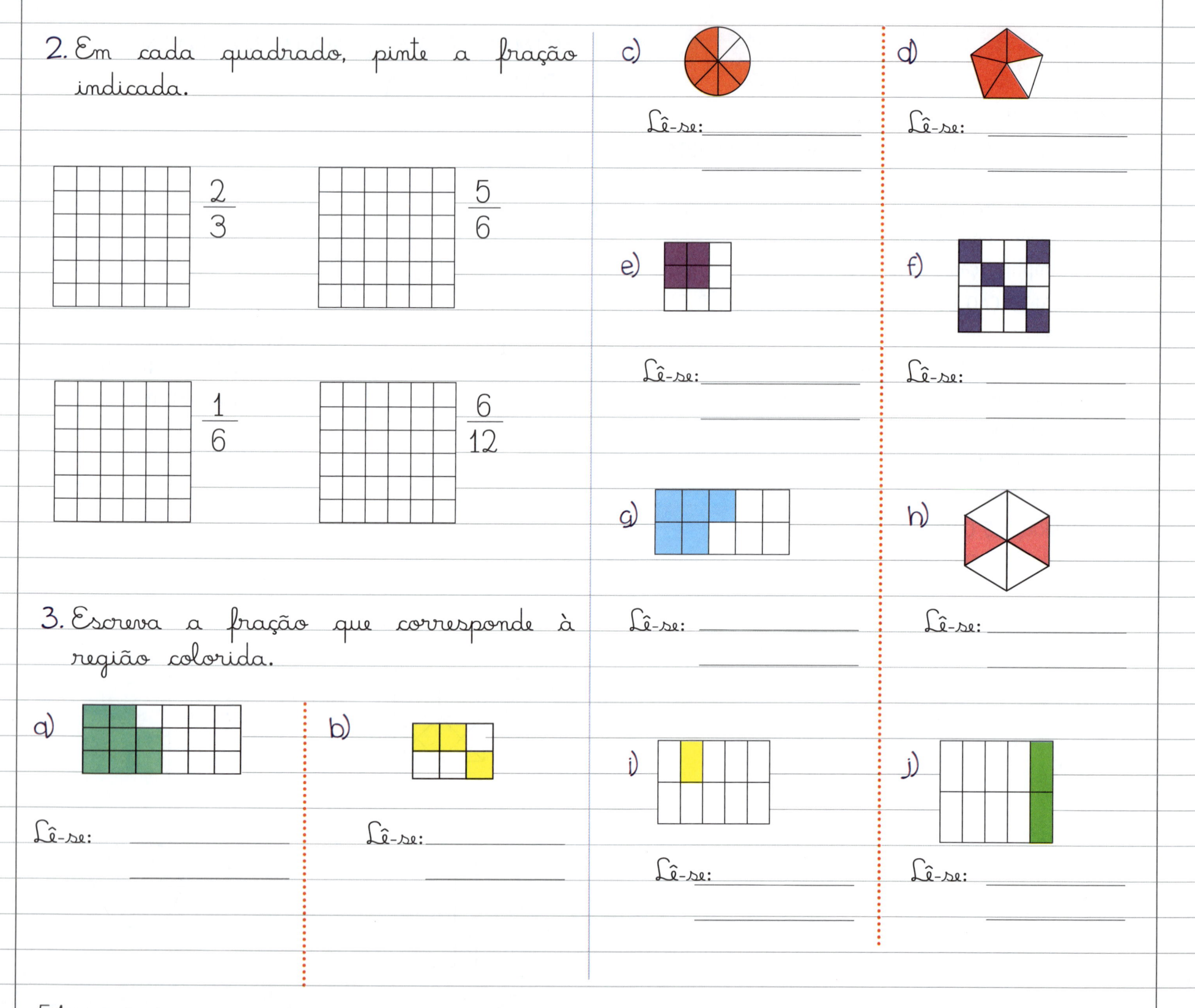

$\dfrac{2}{3}$ $\dfrac{5}{6}$

$\dfrac{1}{6}$ $\dfrac{6}{12}$

c) Lê-se: _____

d) Lê-se: _____

e) Lê-se: _____

f) Lê-se: _____

g) Lê-se: _____

h) Lê-se: _____

3. Escreva a fração que corresponde à região colorida.

a) Lê-se: _____

b) Lê-se: _____

i) Lê-se: _____

j) Lê-se: _____

54

Fração própria, fração imprópria e número misto

Fração própria: é toda fração em que o numerador é menor do que o denominador. A fração própria é menor do que 1.

Fração imprópria: é toda fração em que o numerador é maior ou igual ao denominador. A fração imprópria é igual ou maior do que 1.

Número misto: é formado por uma parte inteira e por outra fracionária. Exemplo:

$2\frac{1}{4}$ ⟶ dois inteiros e um quarto.

4. Contorne as frações próprias.

$\frac{1}{5}$ $\frac{2}{7}$ $\frac{7}{8}$ $\frac{11}{10}$ $\frac{8}{7}$ $\frac{1}{7}$ $\frac{9}{4}$ $\frac{3}{3}$

• Risque as frações impróprias.

$\frac{8}{3}$ $\frac{7}{2}$ $\frac{1}{8}$ $\frac{6}{6}$ $\frac{11}{3}$ $\frac{7}{4}$ $\frac{12}{5}$ $\frac{10}{3}$

Observe como se escrevem estas frações e como transformar as frações impróprias em número misto.

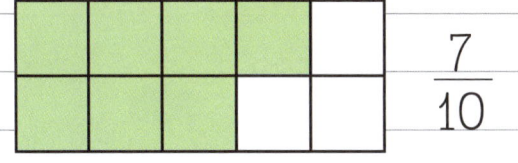

$\frac{7}{10}$

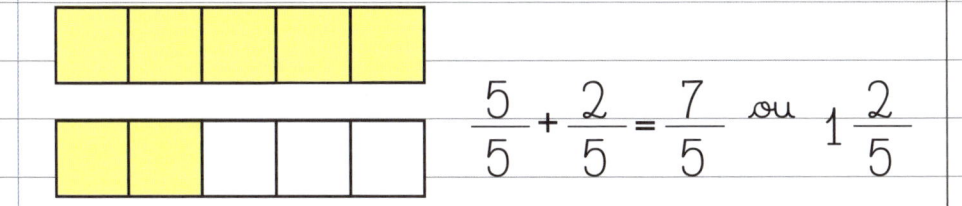

$\frac{5}{5} + \frac{2}{5} = \frac{7}{5}$ ou $1\frac{2}{5}$

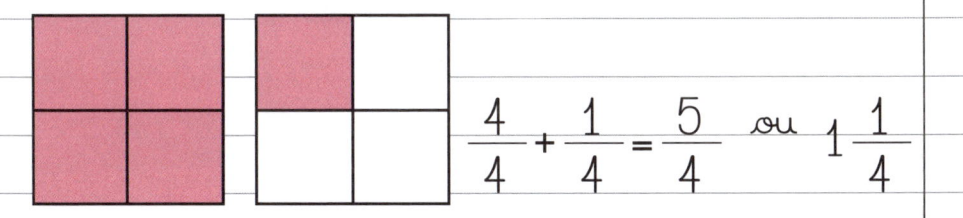

$\frac{4}{4} + \frac{1}{4} = \frac{5}{4}$ ou $1\frac{1}{4}$

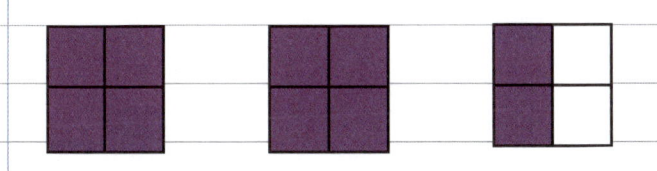

$\frac{4}{4} + \frac{4}{4} + \frac{2}{4} = \frac{10}{4}$ ou $2\frac{1}{2}$

5. Escreva o número misto correspondente a:
- um inteiro e dois sextos

- cinco inteiros e três sétimos

- dois inteiros e um meio

- um inteiro e três nonos

- quatro inteiros e um terço

- três inteiros e dois terços

- dois inteiros e cinco quartos

- cinco inteiros e nove oitavos

- quatro inteiros e três sextos

Método prático:

Para transformar uma fração imprópria em um número misto, dividimos o numerador pelo denominador.

$$\frac{5}{3} \quad \begin{array}{r|l} 5 & 3 \\ 2 & 1 \end{array} \quad \frac{5}{3} = 1\frac{2}{3} \text{ ou } \frac{5}{3} = \frac{3}{3} + \frac{2}{3}$$

quociente → parte inteira

resto → numerador da nova fração

divisor → denominador da nova fração (permanece o mesmo).

6. Complete o quadro.

Fração	Cálculo numérico	Número misto
$\frac{8}{3}$	$\begin{array}{r|l} 8 & 3 \\ 2 & 2 \end{array}$	$2\frac{2}{3}$
$\frac{9}{4}$		
$\frac{7}{2}$		
$\frac{15}{8}$		
$\frac{14}{3}$		

Método prático:

Para transformar um número misto em uma fração imprópria, multiplicamos o inteiro pelo denominador e somamos o produto com o numerador, chegando ao novo numerador; o denominador permanece o mesmo.

$1\dfrac{2}{3} = \dfrac{1 \times 3 + 2}{3} = \dfrac{5}{3}$ ou $1\dfrac{2}{3} = \dfrac{3}{3} + \dfrac{2}{3}$

O que fizemos aqui é transformar a parte inteira 1 em fração $\dfrac{3}{3}$.

$3\dfrac{4}{5} =$ ☐ $4\dfrac{1}{2} =$ ☐

$3\dfrac{2}{3} =$ ☐ $5\dfrac{4}{5} =$ ☐

7. Transforme cada número misto em fração imprópria.

$1\dfrac{1}{2} = \dfrac{1 \times 2 + 1}{2} = \dfrac{3}{2}$ ou $\dfrac{2}{2} + \dfrac{1}{2} = \dfrac{3}{2}$

$2\dfrac{1}{3} =$ ☐ $2\dfrac{2}{5} =$ ☐ $5\dfrac{3}{4} =$ ☐ $2\dfrac{5}{6} =$ ☐

8. Transforme em número misto as frações impróprias.

Fração	Número misto	Fração	Número misto
$\frac{14}{5}$	14 ⌊5 2$\frac{4}{5}$ 4 2	$\frac{29}{8}$	
$\frac{9}{2}$		$\frac{15}{2}$	
$\frac{8}{3}$		$\frac{10}{3}$	
$\frac{27}{4}$		$\frac{27}{6}$	
$\frac{36}{7}$		$\frac{7}{2}$	
$\frac{28}{9}$		$\frac{36}{5}$	
$\frac{21}{6}$		$\frac{18}{7}$	

Frações equivalentes

Frações equivalentes são frações que representam a mesma parte do inteiro.

Para obter frações equivalentes a uma fração, basta multiplicar (ou dividir) tanto o numerador como o denominador por um mesmo número natural diferente de zero.

$$\frac{3 \times 2}{4 \times 2} = \frac{6}{8}$$

9. Complete as frações para que sejam equivalentes.

$\frac{6}{9} = \frac{\Box}{3}$ $\frac{2}{3} = \frac{4}{\Box}$ $\frac{3}{27} = \frac{1}{\Box}$

$\frac{3}{8} = \frac{9}{\Box}$ $\frac{12}{6} = \frac{\Box}{3}$ $\frac{8}{10} = \frac{4}{\Box}$

$\frac{2}{5} = \frac{\Box}{10}$ $\frac{5}{4} = \frac{10}{\Box}$

10. Escreva três frações equivalentes às frações dadas. Observe o exemplo.

$$\frac{1}{2} = \frac{2}{4} = \frac{3}{6} = \frac{4}{8}$$

a) $\frac{1}{3} =$

b) $\frac{3}{4} =$

c) $\frac{2}{3} =$

d) $\frac{2}{5} =$

e) $\frac{2}{4} =$

f) $\frac{1}{7} =$

g) $\frac{5}{6} =$

Simplificação de frações

Simplificar uma fração é obter outra fração equivalente, com o numerador e o denominador menores.

Para simplificar uma fração, dividimos o numerador e o denominador por um mesmo número natural diferente de zero. Exemplos:

$$\frac{12}{40} \stackrel{(\div 2)}{_{(\div 2)}} = \frac{6}{20} \stackrel{(\div 2)}{_{(\div 2)}} = \frac{3}{10} \qquad \frac{18}{48} \stackrel{(\div 2)}{_{(\div 2)}} = \frac{9}{24} \stackrel{(\div 3)}{_{(\div 3)}} = \frac{3}{8}$$

Se o numerador e o denominador não têm mais divisores comuns, a fração recebe o nome de **irredutível.**

11. Simplifique as frações.

a) $\frac{24}{30} =$

b) $\frac{16}{36} =$

c) $\frac{72}{48} =$

d) $\frac{16}{24} =$

e) $\dfrac{27}{81}=$

f) $\dfrac{6}{10}=$

g) $\dfrac{27}{36}=$

h) $\dfrac{24}{16}=$

i) $\dfrac{12}{60}=$

j) $\dfrac{12}{30}=$

k) $\dfrac{15}{30}=$

l) $\dfrac{64}{8}=$

m) $\dfrac{24}{32}=$

LOCALIZAÇÃO DE FRAÇÕES NA RETA NUMÉRICA

Frações menores do que 1

Veja a representação de algumas frações menores do que 1.

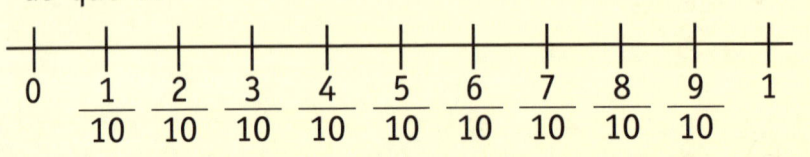

0 — $\dfrac{1}{10}$ — $\dfrac{2}{10}$ — $\dfrac{3}{10}$ — $\dfrac{4}{10}$ — $\dfrac{5}{10}$ — $\dfrac{6}{10}$ — $\dfrac{7}{10}$ — $\dfrac{8}{10}$ — $\dfrac{9}{10}$ — 1

12. Represente os seguintes números na reta numérica abaixo.

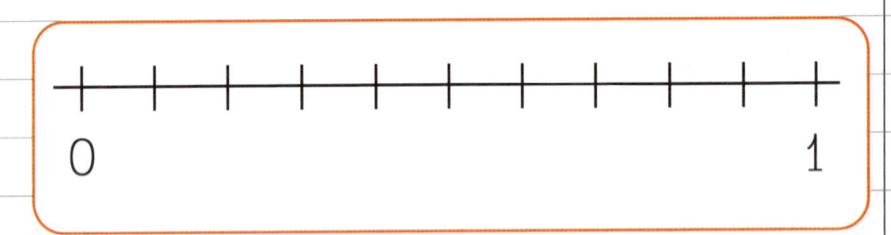

$\dfrac{1}{2}, \dfrac{1}{4}, \dfrac{1}{5}, \dfrac{2}{5}, \dfrac{4}{5}, \dfrac{3}{4}$

0 ———————————— 1

13. Escreva as frações corretas em cada quadro em branco.

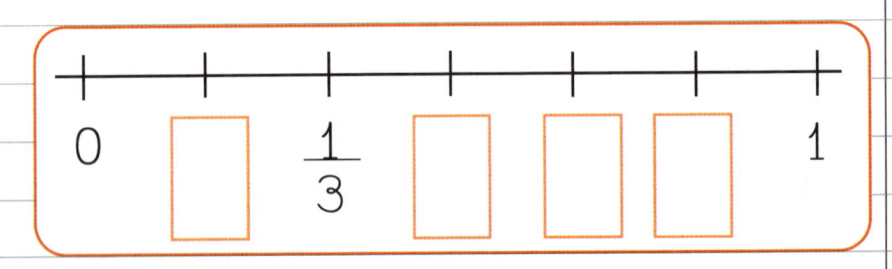

0 — ☐ — $\dfrac{1}{3}$ — ☐ — ☐ — ☐ — 1

Frações maiores do que 1

Veja a representação de alguns números mistos na reta numérica.

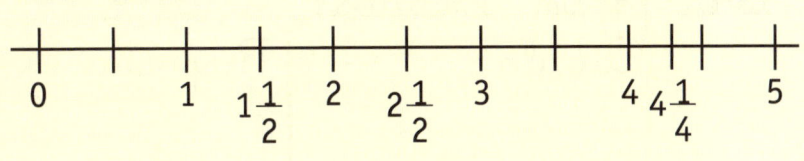

0 — 1 — 1½ — 2 — 2½ — 3 — 4 — 4¼ — 5

14. Escreva as frações nos quadros.

a) reta numérica de 0 a 3

b) reta numérica de 0 a 3, com $\frac{1}{4}$ marcado

FRAÇÃO DE UM NÚMERO NATURAL

Para calcular a fração de um número natural, dividimos o número natural pelo denominador e multiplicamos o resultado pelo numerador.

15. Veja como se calcula a fração de um número e, depois, calcule.

$\frac{2}{4}$ de 16   16 ÷ 4 = 4   4 × 2 = 8

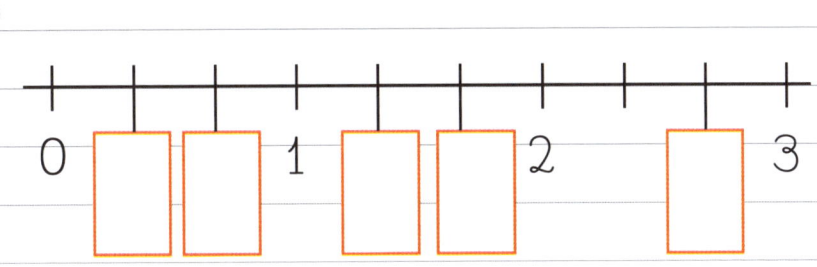

a) $\frac{1}{7}$ de 14 = ☐   b) $\frac{2}{4}$ de 12 = ☐

c) $\frac{1}{6}$ de 6 = ☐   d) $\frac{3}{5}$ de 20 = ☐

e) $\frac{1}{5}$ de 10 = ☐   f) $\frac{1}{3}$ de 15 = ☐

16. Calcule.

$\frac{2}{3}$ de 30 = ☐ $\frac{2}{3}$ de 150 = ☐

$\frac{3}{5}$ de 90 = ☐ $\frac{3}{5}$ de 25 = ☐

$\frac{4}{6}$ de 12 = ☐ $\frac{2}{3}$ de 9 = ☐

$\frac{4}{7}$ de 42 = ☐ $\frac{5}{9}$ de 63 = ☐

Problemas

17. Uma cozinheira fez 60 doces. Já vendeu dois terços dos doces. Quantos doces foram vendidos?

Cálculo | Resposta

18. Quantos são dois quintos de 20?

Cálculo | Resposta

19. Mamãe comprou uma cartela com 16 botões e usou um quarto desses botões em um vestido. Quantos botões mamãe usou?

Cálculo | Resposta

20. Titio está fazendo uma viagem com um percurso de 200 quilômetros. Já percorreu $\frac{3}{4}$ desse percurso. Quantos quilômetros titio já percorreu?

Cálculo   Resposta

21. Antônio tinha 42 pastéis em sua lanchonete. Vendeu dois terços desses pastéis. Quantos pastéis Antônio vendeu?

Cálculo   Resposta

22. Helena vai caminhar até uma padaria a 400 metros de casa. Já percorreu três quartos do caminho. Quantos metros faltam para chegar à padaria?

Cálculo   Resposta

23. Para um trabalho, João precisa fazer 100 círculos de papel. Já recortou três quartos dessa quantidade. Quantos círculos João já recortou?

Cálculo   Resposta

24. Uma escola recebeu 64 caixas de lápis de cor. Distribuiu a quarta parte para três turmas. Quantas caixas foram distribuídas?

Cálculo   Resposta

PORCENTAGEM

O símbolo % (por cento) indica quantas partes foram tomadas de um todo de 100 partes.

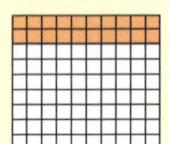

Fração decimal: $\dfrac{20}{100}$

Número decimal: 0,20

Escrita porcentual: 20%

25. Transforme as porcentagens em representação decimal. Veja o exemplo.

$$18\% = 0{,}18$$

a) 23% =
b) 95% =
c) 6% =
d) 80% =
e) 60% =
f) 11% =
g) 2% =
h) 1% =
i) 4% =
j) 77% =

26. Observe cada figura e escreva as representações solicitadas.

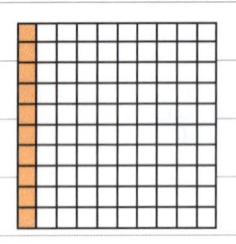

Fração: ☐ ou ☐
Número decimal: _____
Porcentagem: _____

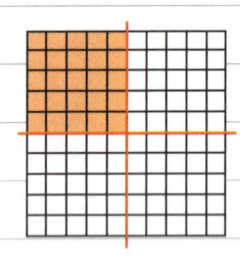

Fração: ☐ ou ☐
Número decimal: _____
Porcentagem: _____

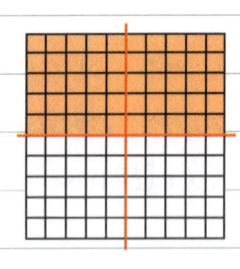

Fração: ☐ ou ☐
Número decimal: _____
Porcentagem: _____

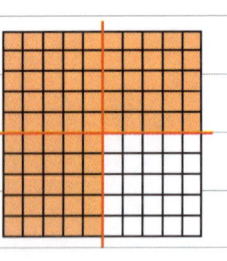

Fração: ☐ ou ☐
Número decimal: _____
Porcentagem: _____

27. Represente as frações decimais na forma de porcentagem.

$\frac{1}{100}$ = ☐ $\frac{10}{100}$ = ☐

$\frac{6}{100}$ = ☐ $\frac{9}{100}$ = ☐

$\frac{60}{100}$ = ☐ $\frac{2}{100}$ = ☐

$\frac{22}{100}$ = ☐ $\frac{5}{100}$ = ☐

$\frac{35}{100}$ = ☐ $\frac{4}{100}$ = ☐

$\frac{50}{100}$ = ☐ $\frac{49}{100}$ = ☐

$\frac{12}{100}$ = ☐ $\frac{75}{100}$ = ☐

28. Represente as porcentagens na forma de fração decimal.

a) 31% = ☐   b) 8% = ☐

c) 55% = ☐   d) 25% = ☐

e) 18% = ☐   f) 75% = ☐

g) 44% = ☐   h) 20% = ☐

i) 5% = ☐   j) 100% = ☐

k) 70% = ☐   l) 99% = ☐

m) 40% = ☐   n) 15% = ☐

o) 10% = ☐   p) 86% = ☐

Problemas

29. No 5º ano há 40 alunos, dos quais 5% praticam judô. Quantos alunos praticam judô e quantos não praticam?

Cálculo

Resposta

30. Em um freezer havia 250 sorvetes. Foram vendidos 20% desses sorvetes. Quantos sobraram?

Cálculo

Resposta

31. Um colégio tem 340 alunos, e 90% foram ao clube de campo. Quantos alunos foram ao passeio?

Cálculo

Resposta

32. Ganhei R$ 2 500,00. Gastei 30% dessa quantia. Com quanto fiquei?

Cálculo

Resposta:

OPERAÇÕES COM FRAÇÕES

Adição e subtração

Para adicionar ou subtrair frações com denominadores iguais, somamos ou subtraímos os numeradores e conservamos o denominador comum.

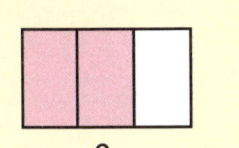

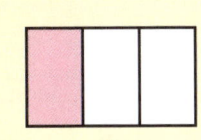

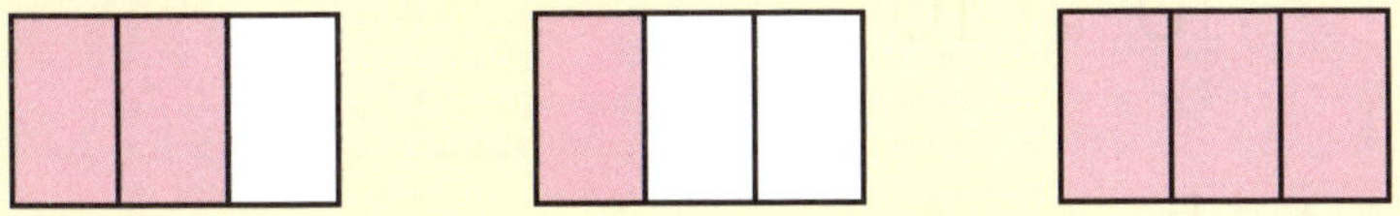

$$\frac{2}{3} + \frac{1}{3} = \frac{3}{3}$$

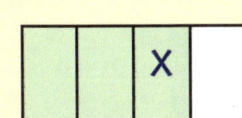

$$\frac{3}{4} - \frac{1}{4} = \frac{2}{4} = \frac{1}{2}$$

34. Observe as figuras. Depois, efetue as operações.

a) 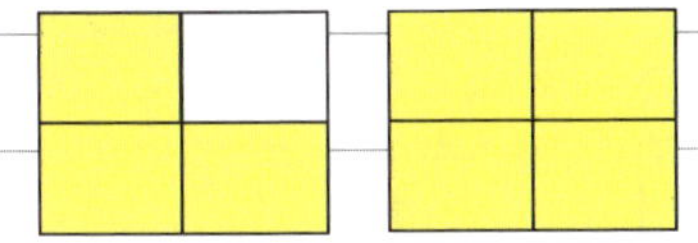 $\frac{3}{4} + \frac{4}{4} = \square$ ou $\square$

b) 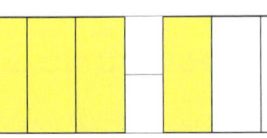 $\frac{3}{3} + \frac{1}{3} = \square$ ou $\square$

c) 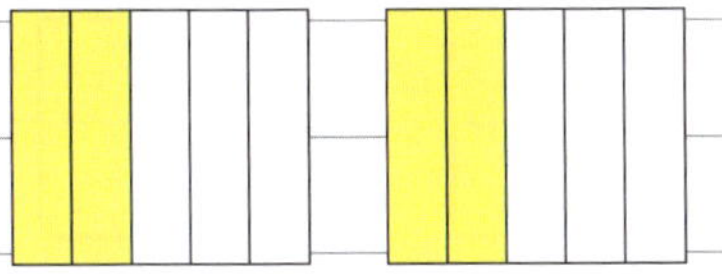 $\frac{2}{5} + \frac{2}{5} = \square$

d) 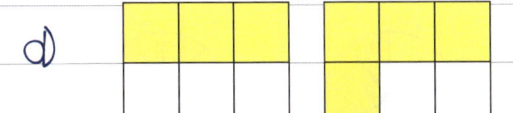 $\frac{3}{6} + \frac{4}{6} = \square$ ou $\square$

e) $\frac{6}{10} - \frac{4}{10} = \square$

f) $\frac{4}{15} - \frac{3}{15} = \square$

g) $\frac{8}{6} - \frac{5}{6} = \square$

h) $\frac{5}{2} - \frac{3}{2} = \square$

34. Escreva as frações representadas nas figuras e efetue as operações.

a) [□/□] + [□/□] = [□/□]

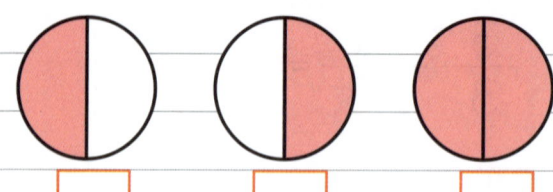

b) [□/□] + [□/□] = [□/□]

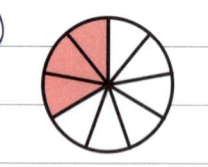

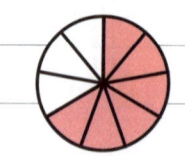

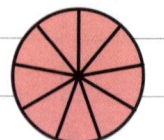

c) [□/□] + [□/□] = [□/□]

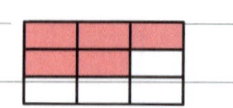

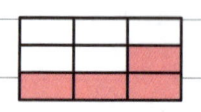

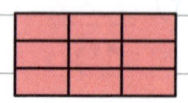

35. Efetue as operações, e simplifique os resultados se precisar.

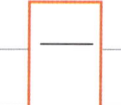

a) $\dfrac{4}{9} + \dfrac{5}{9} =$

b) $\dfrac{4}{10} + \dfrac{4}{10} =$

c) $\dfrac{5}{15} + \dfrac{4}{15} + \dfrac{3}{15} =$

d) $\dfrac{4}{12} + \dfrac{2}{12} + \dfrac{3}{12} =$

e) $\dfrac{4}{7} + \dfrac{3}{7} + \dfrac{5}{7} =$

f) $\dfrac{3}{5} + \dfrac{2}{5} + \dfrac{7}{5} =$

g) $\dfrac{3}{11} + \dfrac{1}{11} + \dfrac{6}{11} + \dfrac{2}{11} =$

h) $\dfrac{1}{9} + \dfrac{3}{9} + \dfrac{7}{9} + \dfrac{8}{9} =$

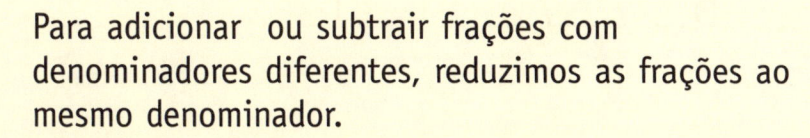

Para adicionar ou subtrair frações com denominadores diferentes, reduzimos as frações ao mesmo denominador.

Exemplo:

$$\frac{1}{5} + \frac{3}{2}$$

$$\frac{1}{5} = \frac{1 \times 2}{5 \times 2} = \frac{2}{10}$$

$$\frac{3}{2} = \frac{3 \times 5}{2 \times 5} = \frac{15}{10}$$

$$\frac{1}{5} + \frac{3}{2} = \frac{2}{10} + \frac{15}{10} = \frac{17}{10}$$

Para encontrar o denominador comum, procuramos o menor múltiplo comum aos dois denominadores.

Exemplo:

$$\frac{1}{2} + \frac{2}{3} = \blacksquare$$

Vamos procurar o mínimo múltiplo comum de 2 e 3.

M(2) = 0, 2, 4, ⑥, 8 ...
M(3) = 0, 3, ⑥, 9 ...
M.M.C.(2, 3) = 6

} O denominador comum é 6.

$$\frac{1}{2} = \frac{\blacksquare}{6} \quad \frac{1 \times 3}{2 \times 3} = \frac{3}{6}$$

$$\frac{2}{3} = \frac{\blacksquare}{6} \quad \frac{2 \times 2}{3 \times 2} = \frac{4}{6}$$

Assim: $\dfrac{1}{2} + \dfrac{2}{3} = \dfrac{3}{6} + \dfrac{4}{6} = \dfrac{7}{6}$

36. Efetue estas adições.

a) $\dfrac{3}{4} + \dfrac{5}{12}$

b) $\dfrac{5}{7} + \dfrac{7}{5}$

37. Efetue as adições.

a) $\dfrac{2}{5} + \dfrac{1}{6} = \square$

b) $\dfrac{3}{4} + \dfrac{1}{3} =$ ☐

d) $\dfrac{1}{5} + \dfrac{3}{7} =$ ☐

c) $\dfrac{2}{7} + \dfrac{1}{3} =$ ☐

e) $\dfrac{4}{5} + \dfrac{1}{3} =$ ☐

f) $\dfrac{3}{7} + \dfrac{2}{9} = \boxed{}$

h) $\dfrac{3}{12} + \dfrac{4}{9} + \dfrac{1}{3} = \boxed{}$

g) $\dfrac{7}{12} + \dfrac{3}{6} + \dfrac{1}{2} = \boxed{}$

38. Efetue as operações a seguir.

a) $\dfrac{15}{22} - \dfrac{2}{11} =$

b) $\dfrac{3}{5} - \dfrac{1}{3} =$

Operações com números mistos

> Para adicionar ou subtrair números mistos, transformamos primeiro em frações impróprias.
>
> $$1\frac{3}{5} + 2\frac{1}{3} = \frac{5 \times 1 + 3}{5} + \frac{3 \times 2 + 1}{3} = \frac{8}{5} + \frac{7}{3}$$
>
> Depois, encontramos frações equivalentes com denominadores iguais.
>
> $$\left.\begin{array}{l}\frac{8 \times 3}{5 \times 3} = \frac{24}{15} \\ \frac{7 \times 5}{3 \times 5} = \frac{35}{15}\end{array}\right\} \quad \frac{8}{5} + \frac{7}{3} = \frac{24}{15} + \frac{35}{15} = \frac{59}{15}$$
>
> $$\frac{59}{15} = 3\frac{14}{15} \qquad \begin{array}{c|c}59 & 15 \\ \hline 14 & 3\end{array}$$
>
> **Método prático**
>
> $$\frac{8}{5} + \frac{7}{3} \qquad \text{M.M.C }(5, 3) = 15$$
>
> $$\frac{15 \div 5 \times 8}{15} + \frac{15 \div 3 \times 7}{15} = \frac{24}{15} + \frac{35}{15} = \frac{59}{15}$$

39. Efetue as adições.

a) $1\dfrac{1}{3} + 2\dfrac{1}{7} = \boxed{}$

b) $4\dfrac{1}{8} + 2\dfrac{7}{6} = \boxed{}$

c) $3\dfrac{1}{5} + 2\dfrac{1}{8} = \square$

e) $4\dfrac{2}{7} + 2\dfrac{1}{5} = \square$

d) $3\dfrac{1}{7} + 2\dfrac{1}{8} = \square$

40. Efetue as subtrações.

a) $10\dfrac{1}{5} - 9\dfrac{1}{8} = \square$

b) $13\frac{1}{5} - 12\frac{1}{3} = \boxed{}$

d) $3\frac{1}{8} - 1\frac{7}{9} = \boxed{}$

c) $3\frac{1}{8} - 2\frac{7}{16} = \boxed{}$

e) $4\frac{15}{18} - 2\frac{17}{36} = \boxed{}$

Multiplicação e divisão

Para multiplicar um número natural por uma fração, multiplicamos o número natural pelo numerador e conservamos o denominador.

Para multiplicar uma fração por outra fração, multiplicamos os numeradores e os denominadores entre si.

Para multiplicar números mistos, transformamos primeiro em frações impróprias e depois efetuamos a operação.

41. Observe o exemplo e efetue as multiplicações.

$$2 \times \frac{2}{5} = \frac{4}{5}$$

a) $4 \times \frac{5}{18} =$

b) $3 \times \frac{1}{4} =$

c) $5 \times \frac{2}{7} =$

d) $7 \times \frac{2}{9} =$

e) $12 \times \frac{1}{8} =$

42. Observe o exemplo e efetue as multiplicações.

$$\frac{8}{9} \times \frac{1}{3} = \frac{8}{27} \quad \bigg| \quad \frac{2}{4} \times \frac{8}{16} = \frac{16}{64} = \frac{1}{4}$$

a) $\frac{2}{3} \times \frac{9}{25} =$

b) $\frac{7}{8} \times \frac{16}{3} =$

c) $\frac{5}{8} \times \frac{18}{10} =$

d) $\frac{3}{8} \times \frac{16}{2} =$

e) $\frac{3}{8} \times \frac{5}{11} =$

f) $\dfrac{9}{15} \times \dfrac{3}{17} =$

g) $\dfrac{8}{9} \times \dfrac{7}{3} =$

h) $\dfrac{8}{9} \times \dfrac{2}{7} =$

i) $\dfrac{1}{9} \times \dfrac{1}{8} =$

j) $\dfrac{3}{9} \times \dfrac{2}{9} =$

k) $\dfrac{3}{5} \times \dfrac{10}{13} =$

b) $2\dfrac{1}{5} \times 2\dfrac{7}{8} =$

c) $2\dfrac{1}{7} \times 2\dfrac{1}{3} =$

d) $2\dfrac{8}{9} \times 3\dfrac{2}{5} =$

e) $10\dfrac{1}{7} \times 8\dfrac{1}{8} =$

f) $1\dfrac{1}{8} \times 3\dfrac{3}{4} =$

43. Observe o exemplo e efetue as multiplicações.

$3\dfrac{1}{5} \times 2\dfrac{1}{3} = \dfrac{16}{5} \times \dfrac{7}{3} = \dfrac{112}{15} = 7\dfrac{7}{15}$

a) $3\dfrac{1}{4} \times 2\dfrac{1}{3} =$

g) $7\frac{1}{3} \times 2\frac{1}{8} =$

h) $15\frac{7}{8} \times 12\frac{1}{7} =$

i) $13\frac{1}{3} \times 2\frac{1}{8} =$

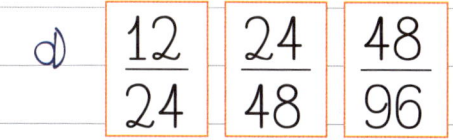

j) $16\frac{1}{5} \times 12\frac{1}{7} =$

k) $2\frac{1}{3} \times 2\frac{1}{7} =$

44. Complete com frações equivalentes.

a) $\frac{4}{5}$ $\frac{8}{10}$ $\frac{12}{15}$ ☐ ☐ ☐

b) $\frac{80}{144}$ $\frac{40}{72}$ $\frac{20}{36}$ ☐ ☐

c) $\frac{3}{4}$ $\frac{6}{8}$ $\frac{9}{12}$ ☐ ☐ ☐

d) $\frac{12}{24}$ $\frac{24}{48}$ $\frac{48}{96}$ ☐ ☐ ☐

e) $\frac{2}{7}$ $\frac{4}{14}$ $\frac{6}{21}$ ☐ ☐

f) $\frac{1}{10}$ $\frac{2}{20}$ $\frac{3}{30}$ ☐ ☐

g) $\frac{3}{5}$ $\frac{6}{10}$ $\frac{9}{15}$ ☐ ☐

Entendendo a divisão de uma fração

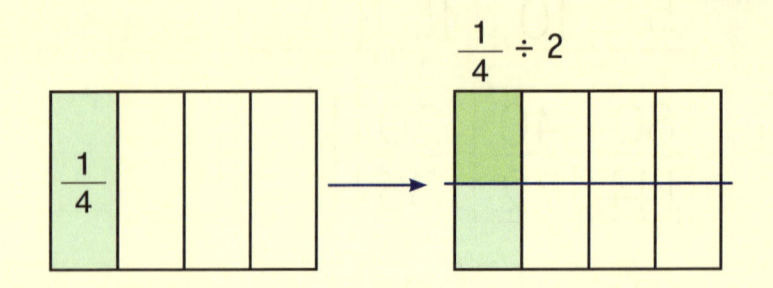

$\frac{1}{4} \div 2$

$\frac{1}{4} \div 2 = \frac{1}{8}$

$\frac{1}{4} \div 2 = \frac{1}{4} \times \frac{1}{2} = \frac{1}{8}$

Observe que dividir por 2 é o mesmo que multiplicar pelo inverso de 2, que é $\frac{1}{2}$.

Regra prática:

Para dividir uma fração por outra fração, basta multiplicar a primeira fração pelo inverso da segunda.

Exemplos:

$\frac{3}{10} \div \frac{1}{2} = \frac{3}{10} \times \frac{2}{1} = \frac{6}{10}$

$2 \div \frac{1}{5} = 2 \times \frac{5}{1} = 10$

45. Efetue as divisões.

a) $8 \div \frac{8}{9} =$

b) $5 \div \frac{7}{15} =$

c) $3 \div \frac{8}{9} =$

d) $8 \div \frac{7}{15} =$

e) $9 \div \frac{3}{13} =$

f) $10 \div \dfrac{2}{5} =$

g) $\dfrac{3}{5} \div 4 =$

h) $\dfrac{5}{8} \div 2 =$

46. Observe o exemplo e resolva as operações.

$$\dfrac{3}{5} \div 3 = \dfrac{3}{5} \div \dfrac{3}{1} = \dfrac{3}{5} \times \dfrac{1}{3} = \dfrac{3}{15}$$

a) $\dfrac{8}{9} \div 5 =$

b) $\dfrac{7}{8} \div 3 =$

c) $\dfrac{1}{4} \div 5 =$

d) $\dfrac{3}{5} \div 5 =$

e) $\dfrac{4}{7} \div 5 =$

f) $\dfrac{7}{15} \div 3 =$

i) $\dfrac{7}{8} \div 2 =$

j) $\dfrac{5}{8} \div 6 =$

k) $\dfrac{3}{5} \div 2 =$

47. Observe o exemplo e resolva as operações.

$$\dfrac{2}{9} \div \dfrac{3}{5} = \dfrac{2}{9} \times \dfrac{5}{3} = \dfrac{10}{27}$$

a) $\dfrac{3}{5} \div \dfrac{2}{7} =$

b) $\dfrac{7}{9} \div \dfrac{2}{4} =$

c) $\dfrac{1}{5} \div \dfrac{3}{5} =$

d) $\dfrac{3}{5} \div \dfrac{2}{5} =$

e) $\dfrac{2}{4} \div \dfrac{3}{7} =$

f) $\dfrac{7}{7} \div \dfrac{2}{7} =$

g) $\dfrac{3}{9} \div \dfrac{3}{18} =$

h) $\dfrac{1}{5} \div \dfrac{3}{5} =$

i) $\dfrac{3}{9} \div \dfrac{3}{27} =$

j) $\dfrac{3}{10} \div \dfrac{3}{8} =$

k) $\dfrac{3}{8} \div \dfrac{4}{16} =$

l) $\dfrac{2}{5} \div \dfrac{3}{8} =$

> Para dividir números mistos, transformamos primeiro em frações impróprias e, depois, multiplicamos a primeira fração pelo inverso da segunda.

48. Observe o exemplo e resolva as operações.

$$1\dfrac{1}{5} \div 1\dfrac{1}{2} = \dfrac{6}{5} \div \dfrac{3}{2} = \dfrac{6}{5} \times \dfrac{2}{3} = \dfrac{12}{15} = \dfrac{4}{5}$$

a) $1\dfrac{2}{4} \div 1\dfrac{1}{3} =$

b) $2\dfrac{1}{3} \div 1\dfrac{1}{2} =$

c) $3\dfrac{1}{5} \div 2\dfrac{1}{7} =$

Bloco 6: Geometria

CONTEÚDO:

LOCALIZAÇÃO
- Coordenadas no quadriculado
- Plano cartesiano
- Coordenadas cartesianas
- Localização de pontos no plano

MOVIMENTAÇÃO E MUDANÇA DE DIREÇÃO

LOCALIZAÇÃO

Como você localiza uma rua em um mapa?

O aplicativo de celular Waze leva você rapidamente a um endereço qualquer.

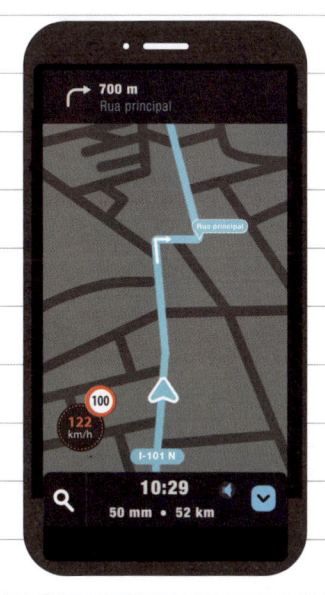

Coordenadas no quadriculado

E como fazíamos antes de esse aplicativo de celular existir? Procurávamos em um guia de ruas. Nesse guia, havia mapas com trechos da cidade, com ruas, avenidas, praças etc.

Observe a figura a seguir.

Os mapas de ruas eram impressos com uma malha quadriculada, na qual havia coordenadas para a localização das ruas. Por exemplo, página 213, 1E.

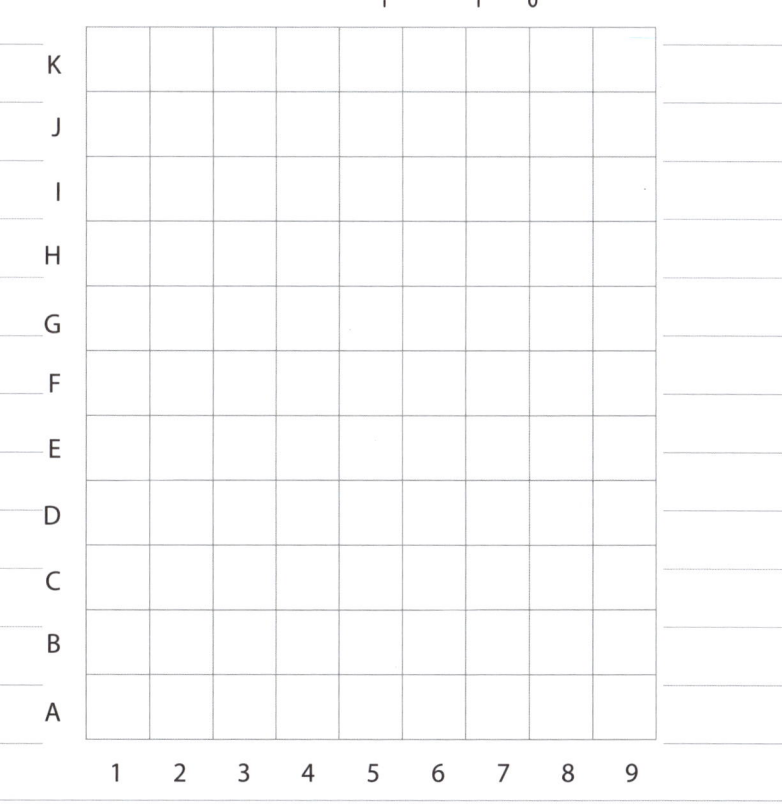

Observe que as linhas são identificadas com letras, enquanto as colunas são identificadas com números. Cada quadradinho se encontra no cruzamento entre uma linha e uma coluna.

1. No quadriculado a seguir, localizamos os quadrinhos 2D, 7H e 5B. Localize os quadros 2B, 3D e 6J.

2. Agora, localize os seguintes quadrinhos e pinte-os com a cor indicada.

8J → azul
3C → amarelo
6J → verde
9A → vermelho.

Plano cartesiano

Para localizar pontos em um plano, usamos o plano cartesiano.
O plano cartesiano é composto de duas retas perpendiculares: eixo x horizontal e eixo y vertical.
Esses eixos são retas numéricas orientadas, com origem no ponto de cruzamento O (0; 0).

Coordenadas cartesianas

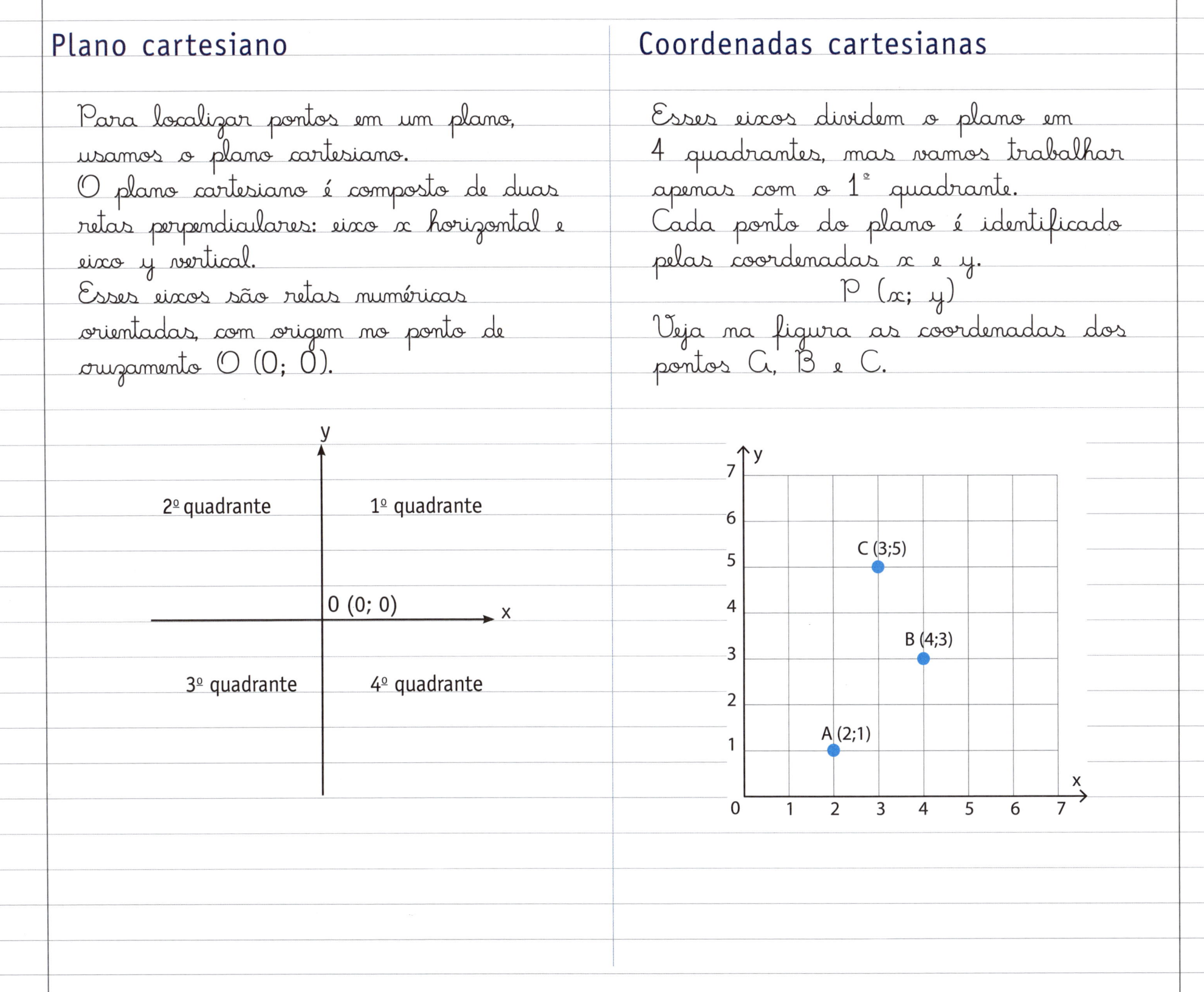

Esses eixos dividem o plano em 4 quadrantes, mas vamos trabalhar apenas com o 1º quadrante.
Cada ponto do plano é identificado pelas coordenadas x e y.

$$P(x; y)$$

Veja na figura as coordenadas dos pontos A, B e C.

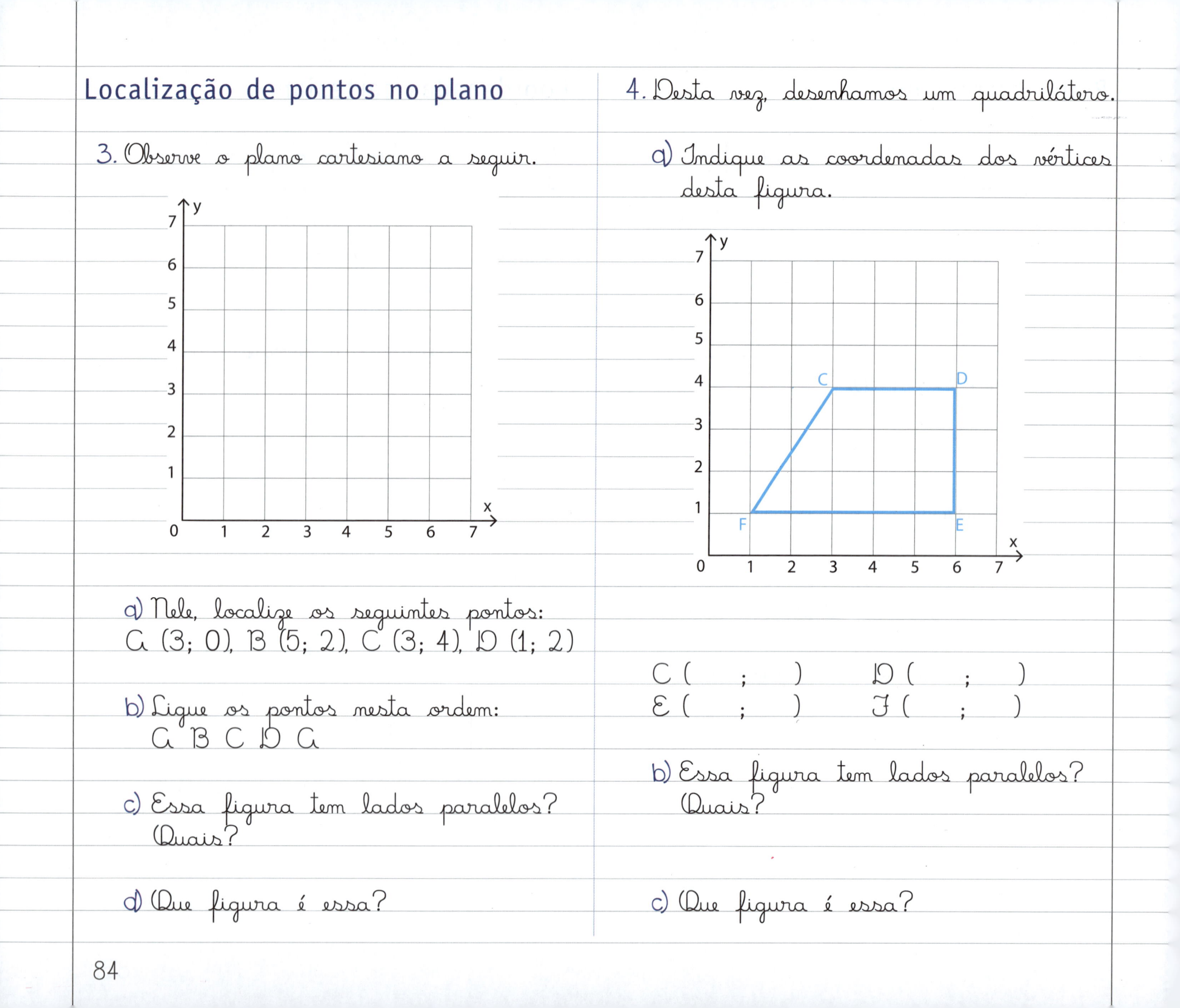

Localização de pontos no plano

3. Observe o plano cartesiano a seguir.

a) Nele, localize os seguintes pontos:
A (3; 0), B (5; 2), C (3; 4), D (1; 2)

b) Ligue os pontos nesta ordem:
A B C D A

c) Essa figura tem lados paralelos? Quais?

d) Que figura é essa?

4. Desta vez, desenhamos um quadrilátero.

a) Indique as coordenadas dos vértices desta figura.

C (;)   D (;)
E (;)   F (;)

b) Essa figura tem lados paralelos? Quais?

c) Que figura é essa?

84

5. Observe a seguinte figura.

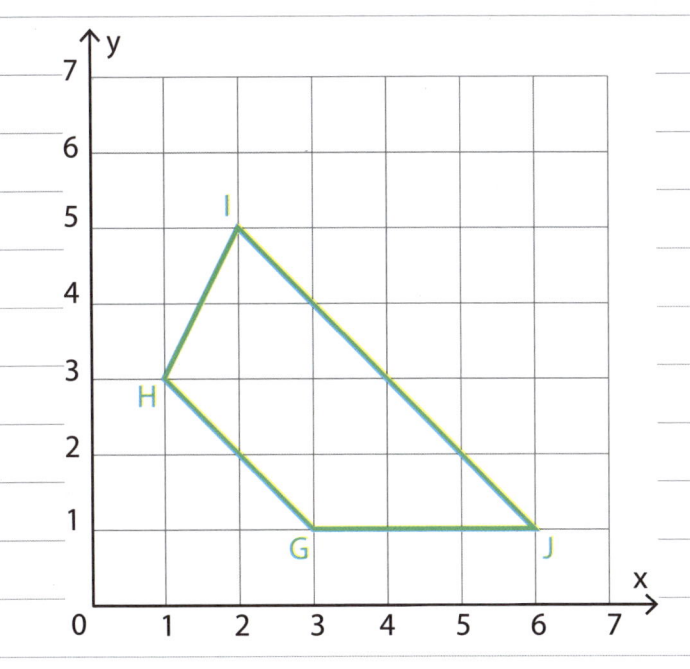

a) Indique as coordenadas dos vértices dessa figura.

G (;   )   H (;   )
I (;   )   J (;   )

b) Essa figura tem lados paralelos? Quais?

c) Que figura é essa?

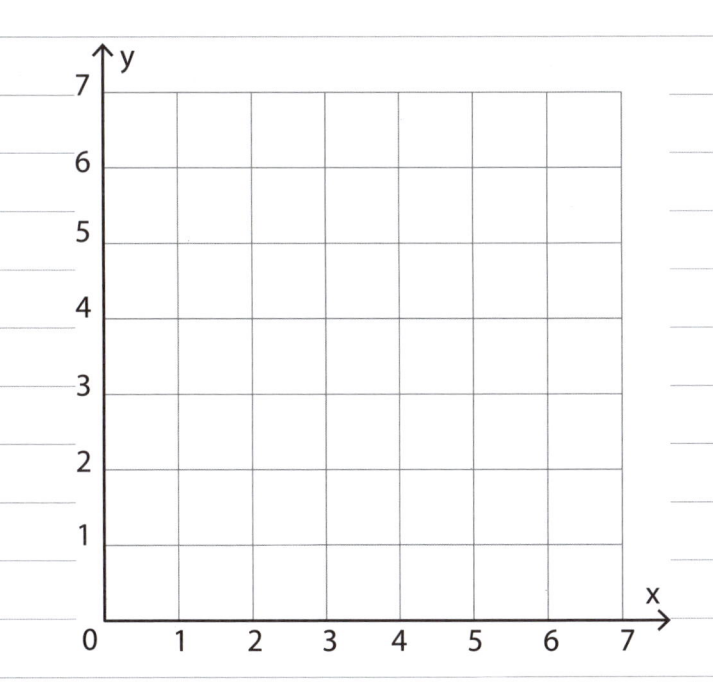

6. Observe o plano cartesiano.

a) Nele, localize os seguintes pontos:
E (1; 2), F (1; 5), G (4; 5), H (4; 2)

b) Ligando os pontos na sequência E F G H E, que figura você obtém?

c) Considerando como unidade de medida o lado do quadradinho do quadriculado, quantas unidades mede cada lado dessa figura?

85

7. Marque neste plano cartesiano os seguintes pontos:

R (1; 2)
S (2; 5)
T (5; 5)
U (4; 2)

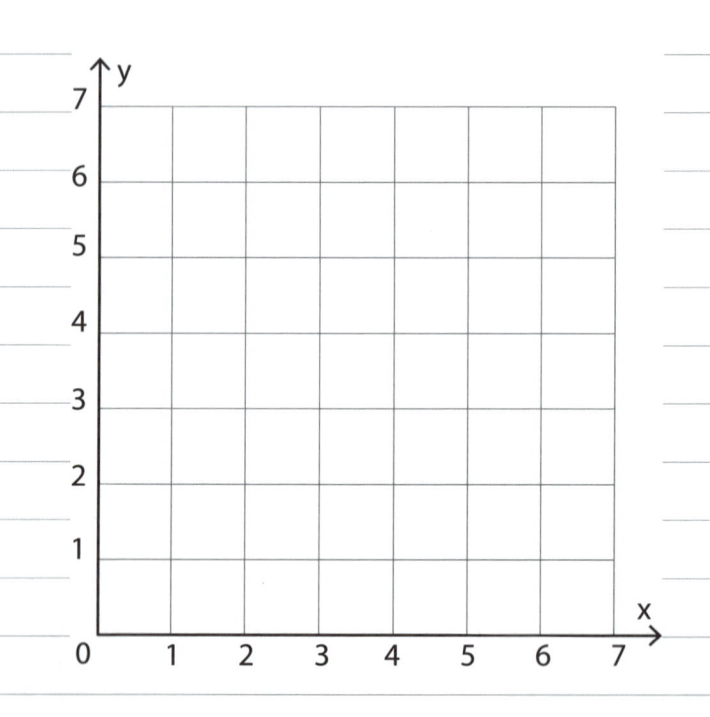

Ligando os pontos R S T U R, nessa ordem, que figura você obtém?

MOVIMENTAÇÃO E MUDANÇA DE DIREÇÃO

Observe, nas figuras a seguir, o trajeto do robô, a partir do ponto P.

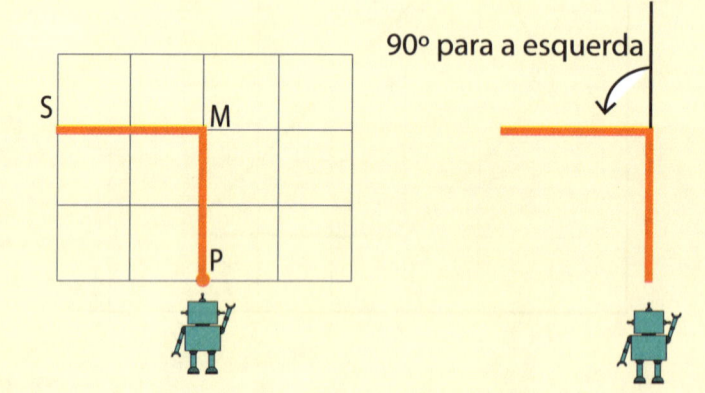

Neste caso, ao chegar no ponto M, o robô girou 90 graus para a esquerda.

Observe agora o que acontece, para chegar ao ponto V.

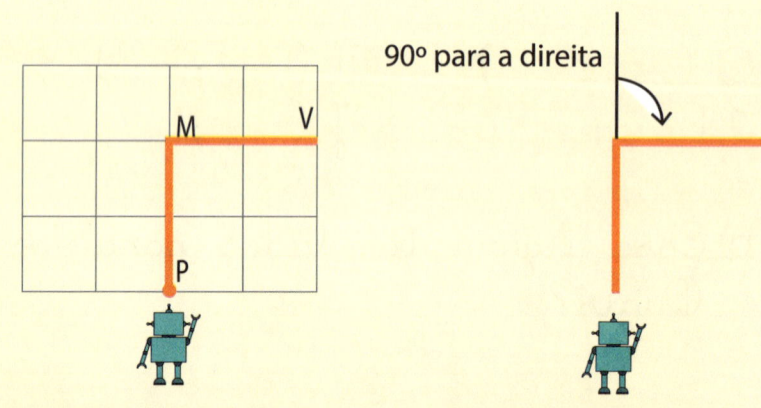

Neste caso, ao chegar no ponto M, o robô girou 90 graus para a direita.

8. Vamos descrever um trajeto do robô X no plano cartesiano a seguir.
O robô só anda para frente, e gira para a direita ou para a esquerda. O lado do quadriculado mede 1 unidade (1 u).

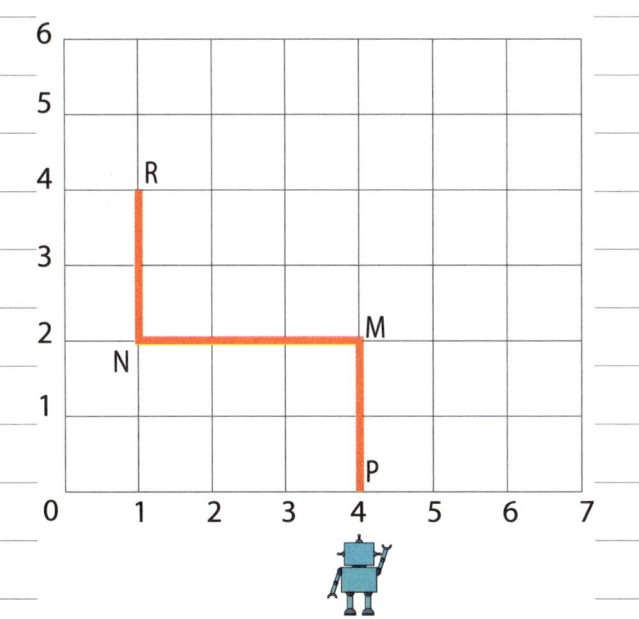

- O robô X está no ponto P (__;__)
- Ele andou para frente 2 unidades e chegou no ponto M (__;__).
- Girou para a esquerda e caminhou 3 unidades, chegando no ponto ___ (__;__).
- Em N, girou para a direita e andou ___ unidades, chegando ao ponto ___ (__;__).

9. O robô está no ponto Q (5; 1), e vai caminhar para o ponto R (5; 5). Ele vai fazer o seguinte trajeto: Q R S T U V Q.

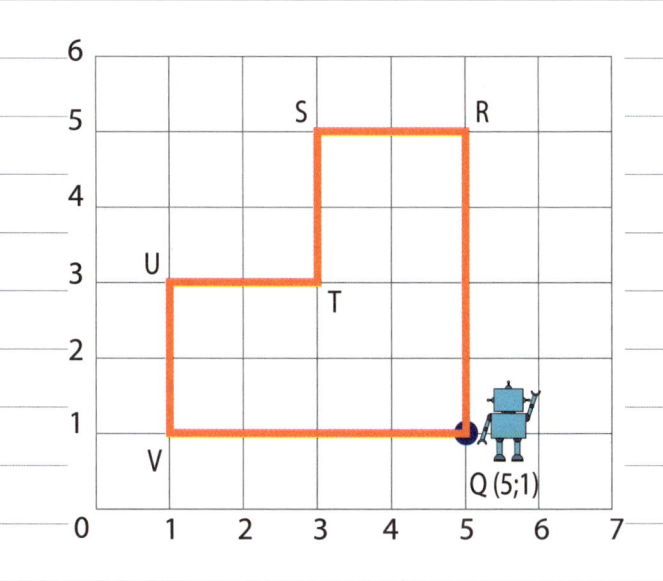

Observe que ele vai fazer o trajeto desenhado na cor laranja.

a) Nesse trajeto, quantas vezes o robô muda de direção?

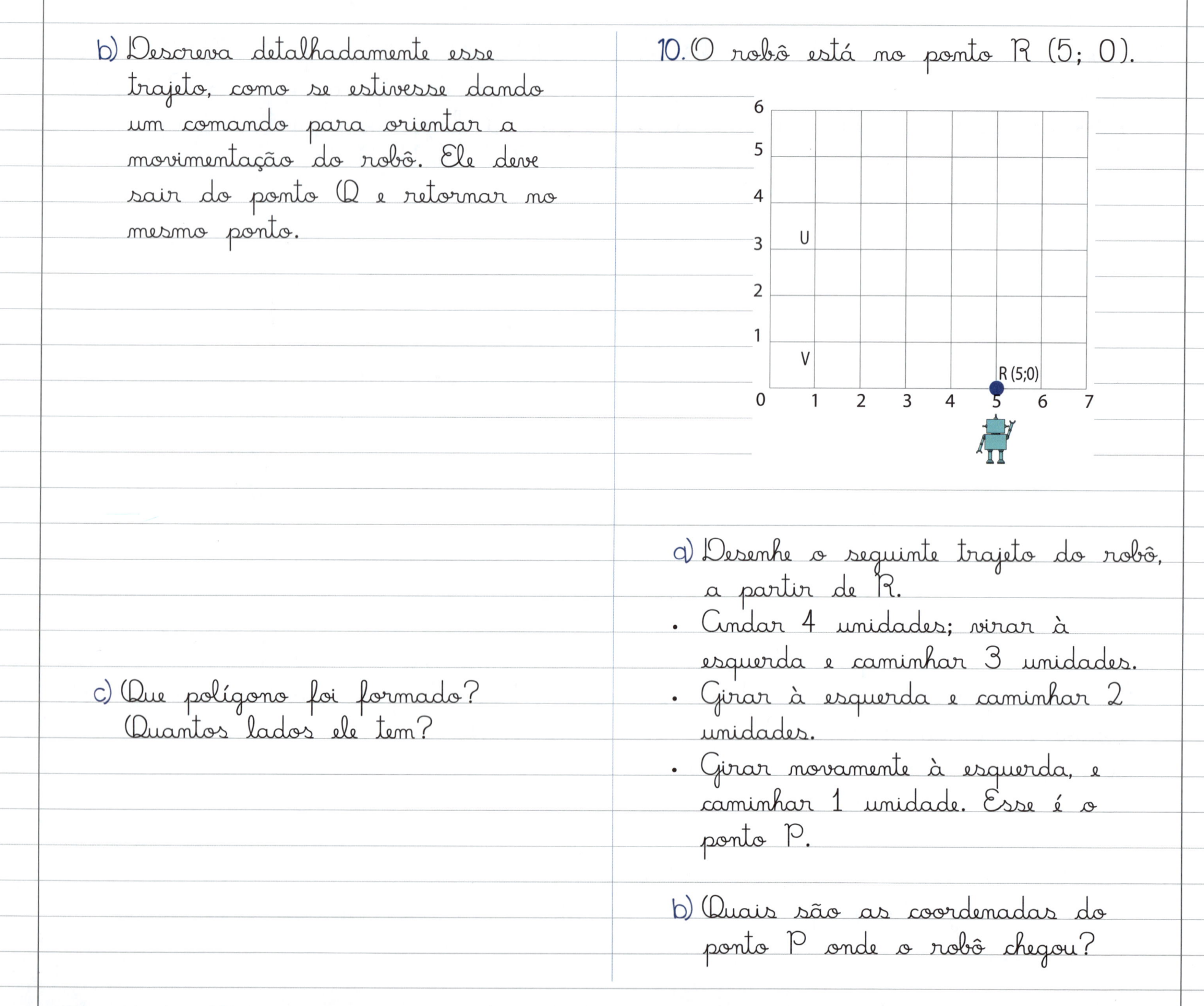

b) Descreva detalhadamente esse trajeto, como se estivesse dando um comando para orientar a movimentação do robô. Ele deve sair do ponto Q e retornar no mesmo ponto.

c) Que polígono foi formado? Quantos lados ele tem?

10. O robô está no ponto R (5; 0).

a) Desenhe o seguinte trajeto do robô, a partir de R.
- Andar 4 unidades; virar à esquerda e caminhar 3 unidades.
- Girar à esquerda e caminhar 2 unidades.
- Girar novamente à esquerda, e caminhar 1 unidade. Esse é o ponto P.

b) Quais são as coordenadas do ponto P onde o robô chegou?

Bloco 7: Geometria

CONTEÚDO

ÂNGULOS
- Ângulo reto, ângulo agudo, ângulo obtuso

POLÍGONOS
- Polígonos: nome conforme número de lados
- Classificação dos triângulos quanto aos lados
- Classificação dos triângulos quanto aos ângulos
- Classificação dos quadriláteros

FIGURAS CONGRUENTES
- Construção de uma figura congruente

AMPLIAÇÃO E REDUÇÃO DE FIGURAS

DEFORMAÇÃO DE FIGURAS

ESCALA DE UM DESENHO OU MAPA
- Escala
- Escala de mapas

ÂNGULOS

Ângulo reto, ângulo agudo, ângulo obtuso

Observe a região delimitada pelos ponteiros de um relógio nos seguintes horários.

3 horas
O ângulo formado pelos ponteiros é reto: mede 90 graus.

2 horas
O ângulo formado pelos ponteiros é menor do que 90 graus: é um ângulo agudo.

5 horas
O ângulo formado pelos ponteiros é maior do que 90 graus: é um ângulo obtuso.

Ângulo: duas semirretas que partem do mesmo ponto formam um ângulo.

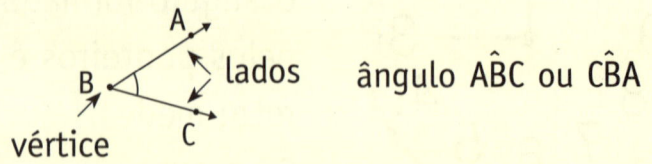

ângulo AB̂C ou CB̂A

Lados: são duas semirretas que formam o ângulo.
Vértice: é o ponto de encontro das duas semirretas.
A abertura determina a medida do ângulo.

- Um ângulo reto mede 90°.
- Um ângulo agudo mede entre 0 e 90°.
- Um ângulo obtuso mede mais do que 90°.

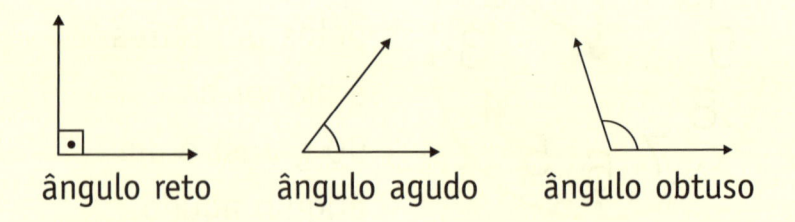

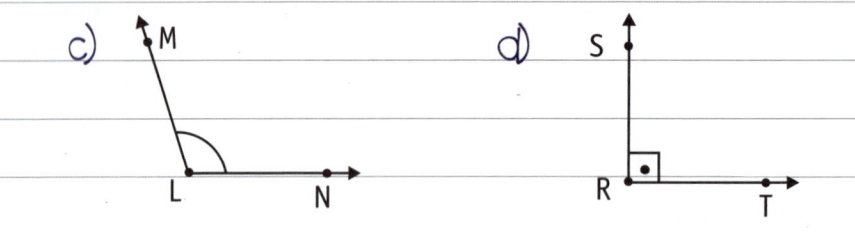

ângulo reto   ângulo agudo   ângulo obtuso

1. Indique o nome de cada ângulo.

a)   b)

c)   d)

2. Usando seu medidor de ângulo reto, nas figuras a seguir, pinte de amarelo os ângulos obtusos; de vermelho os ângulos agudos, e de verde os ângulos retos.

3. Escreva **V** (verdadeiro) ou **F** (falso).

a) O ângulo reto mede 90°. (   )

b) O ângulo obtuso mede menos do que 90°. (   )

c) O ângulo de 30° é um ângulo agudo. (   )

d) O ângulo de 95° é um ângulo agudo. (   )

e) O ângulo de 100° é um ângulo obtuso. (   )

f) O ângulo de 89° é um ângulo obtuso. (   )

g) O ângulo de 60° é um ângulo agudo. (   )

4. Identifique, no quadrilátero, os tipos de ângulo: agudo, obtuso ou reto.

5. Com o auxílio de um esquadro, desenhe:
a) um ângulo obtuso.
b) um ângulo agudo.
c) um ângulo reto.

POLÍGONOS

Polígonos: nome conforme o número de lados

> Toda linha fechada simples formada apenas por segmentos de reta chama-se **polígono**.

Os polígonos recebem nomes de acordo com o número de lados.

Número de lados	Nome do polígono
3	Triângulo
4	Quadrilátero
5	Pentágono
6	Hexágono
7	Heptágono
8	Octógono
9	Eneágono
10	Decágono
11	Undecágono
12	Dodecágono
15	Pentadecágono
20	Icoságono

6. Observe o número de lados de cada polígono a seguir. Complete as frases e responda.

a) A figura **A** tem ☐ lados e chama-se hexágono.

b) São quadriláteros as figuras: _____, porque _____.

c) A figura **D** tem ☐ lados e chama-se pentágono.

d) O que as figuras **H**, **J** e **K** têm em comum? Como são chamadas?

e) Indique uma dessas figuras que não é um polígono. Como ela se chama?

7. Numere a segunda coluna de acordo com a primeira.

(1) polígono de 5 lados ( ) eneágono
(2) polígono de 6 lados ( ) hexágono
(3) polígono de 7 lados ( ) decágono
(4) polígono de 8 lados ( ) pentágono
(5) polígono de 9 lados ( ) heptágono
(6) polígono de 10 lados ( ) octógono

8. Complete o quadro.

Polígono	Nº de lados	Nome

Classificação dos triângulos quanto aos lados

Quanto aos lados, os triângulos podem ser:

- **Triângulo equilátero:** tem 3 lados com a mesma medida.
- **Triângulo isósceles:** tem 2 lados com a mesma medida.
- **Triângulo escaleno:** tem 3 lados com medidas diferentes.

triângulo equilátero

triângulo isósceles

triângulo escaleno

9. Meça com sua régua e escreva a medida dos lados dos seguintes triângulos. Depois, diga que tipo de triângulo é.

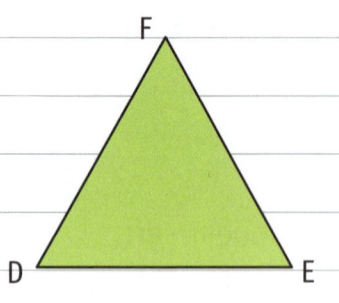

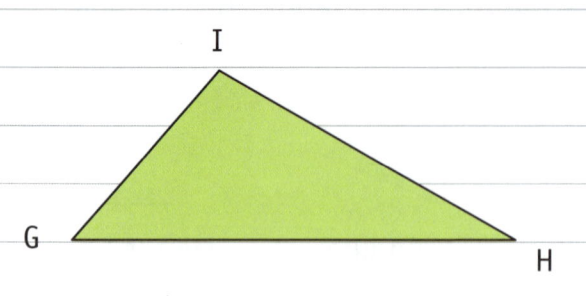

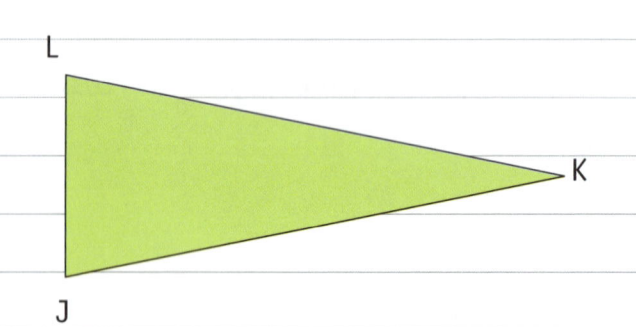

Classificação dos triângulos quanto aos ângulos

Quanto aos ângulos, os triângulos podem ser:

- **Triângulo acutângulo:** tem 3 ângulos menores do que 90°.

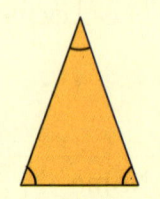

- **Triângulo retângulo:** tem 1 ângulo de 90°.

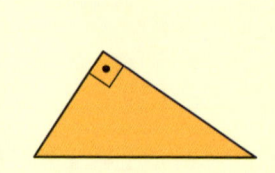

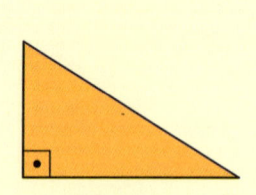

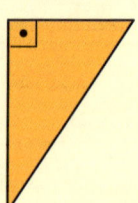

- **Triângulo obtusângulo:** tem 1 ângulo maior do que 90°.

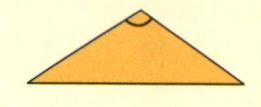

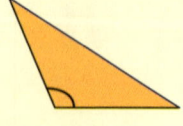

10. Escreva nos lugares certos os seguintes nomes:

acutângulo – escaleno – equilátero
obtusângulo – retângulo – isósceles

a) Triângulo com 3 ângulos menores do que 90°: _____

b) Triângulo que tem 2 lados com a mesma medida: _____

c) Triângulo que tem os 3 lados com medidas diferentes: _____

d) Triângulo que tem 1 ângulo maior do que 90°: _____

e) Triângulo que tem 3 lados com a mesma medida: _____

f) Triângulo com 1 ângulo de 90°: _____

Classificação dos quadriláteros

- **Quadrilátero:** é o polígono de 4 lados.
- **Quadrado:** tem os 4 lados iguais e os 4 ângulos retos.
- **Retângulo:** tem os 4 ângulos retos, e os lados opostos têm a mesma medida.
- **Paralelogramo:** é o quadrilátero que tem os lados opostos paralelos.
- **Trapézio:** é o quadrilátero que tem um par de lados paralelos.
- **Losango:** é o quadrilátero que tem os 4 lados iguais, e os ângulos opostos congruentes.

11. Classifique os quadriláteros.

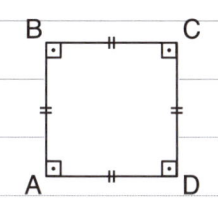

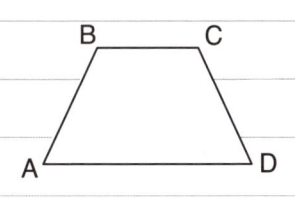

12. Complete o quadro.

Quadrilátero	Lados	Ângulos	Vértices
quadrado	4 iguais	4 iguais	4
losango	4 iguais	iguais 2 a 2	
retângulo	iguais 2 a 2		
trapézio			
paralelogramo			

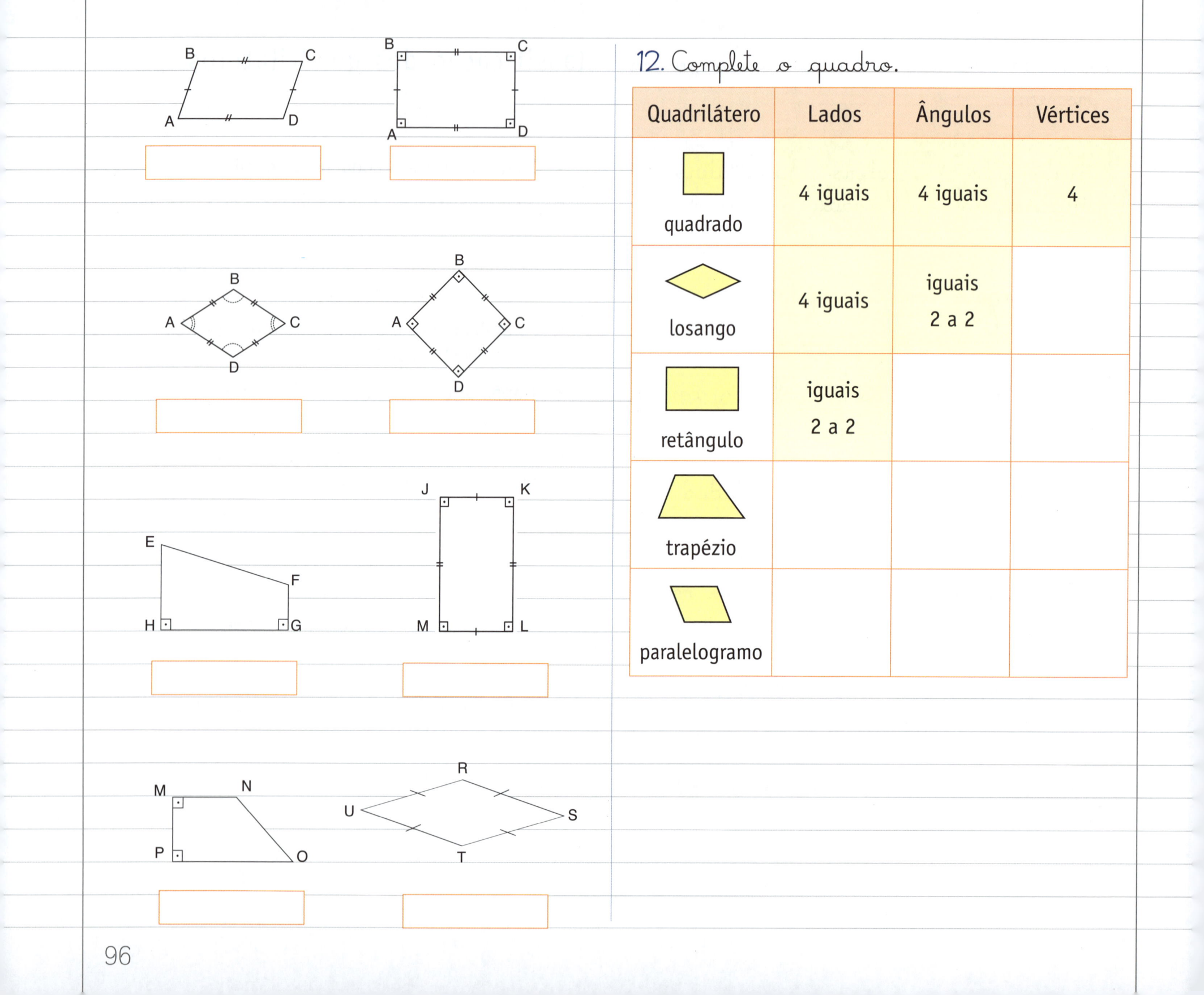

13. Tangram é um quebra-cabeça chinês de 7 peças, as quais formam um quadrado. Com essas 7 peças, podemos montar um retângulo, um paralelogramo e um triângulo, de cada vez.
Identifique as peças em cada montagem e pinte-as conforme a figura original.

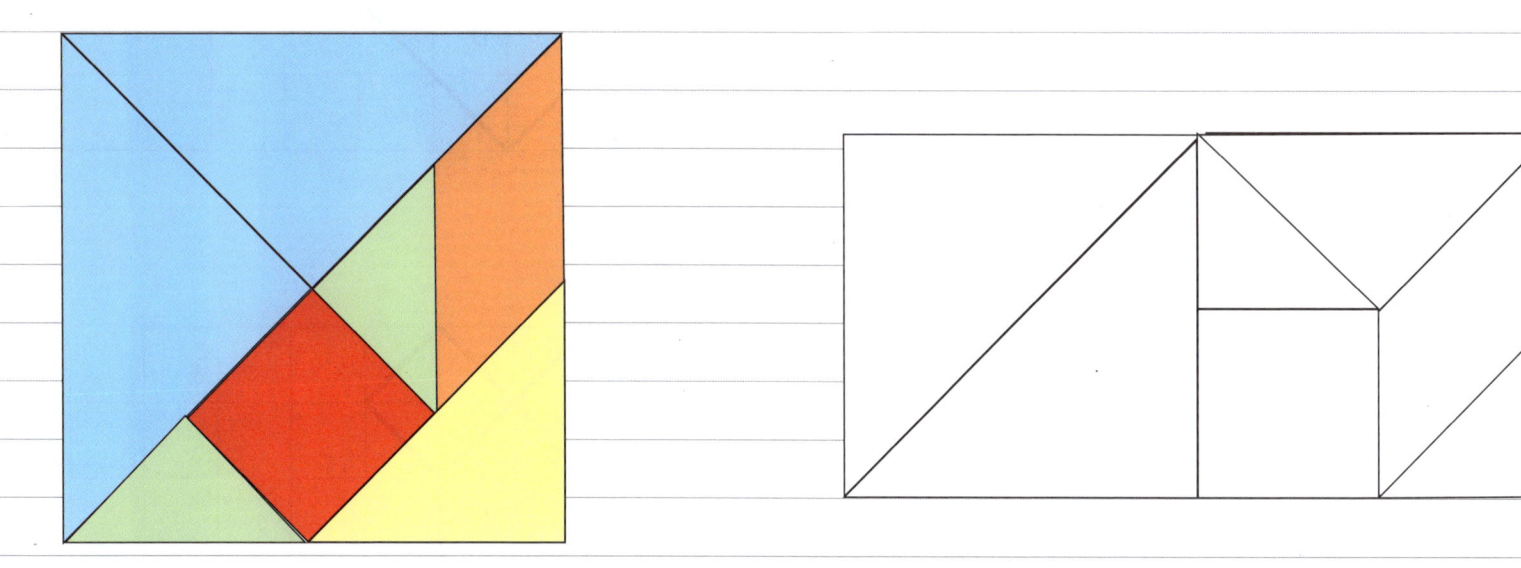

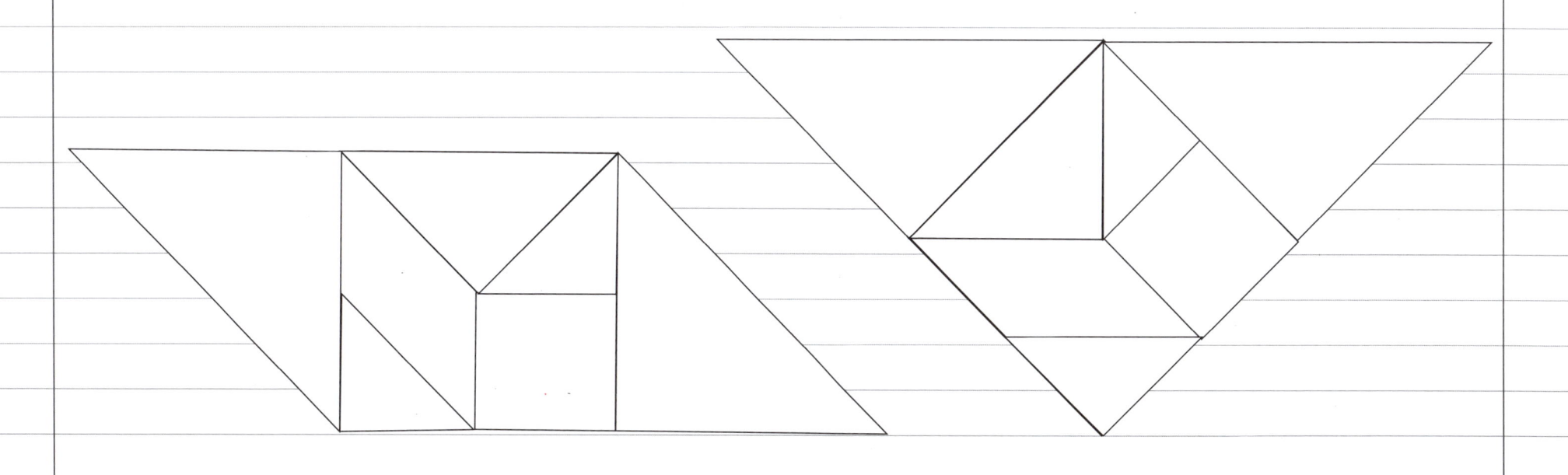

FIGURAS CONGRUENTES

Duas figuras são congruentes quando os lados correspondentes, bem como os ângulos correspondentes nas duas figuras, apresentam as mesmas medidas.

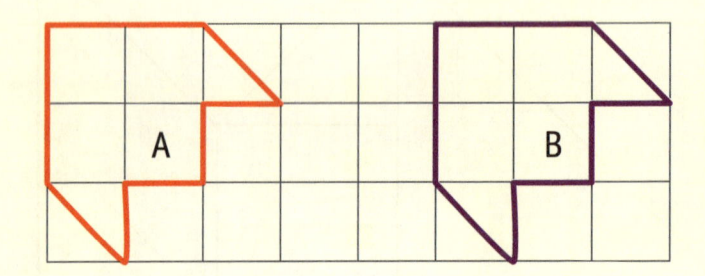

As figuras A e B são congruentes.

Construção de uma figura congruente

14. Desenhe uma figura congruente a cada um dos polígonos a seguir.

a)

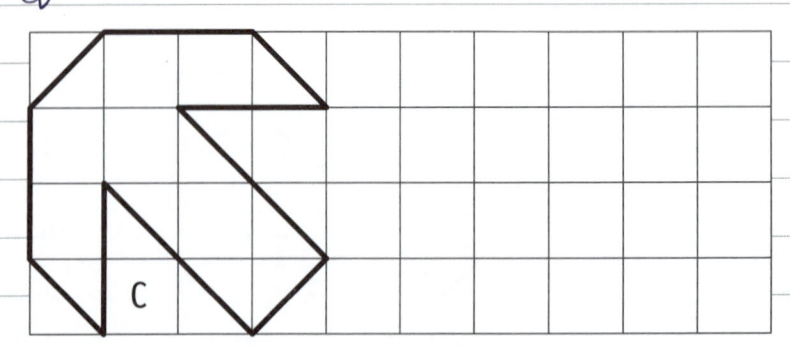

b)

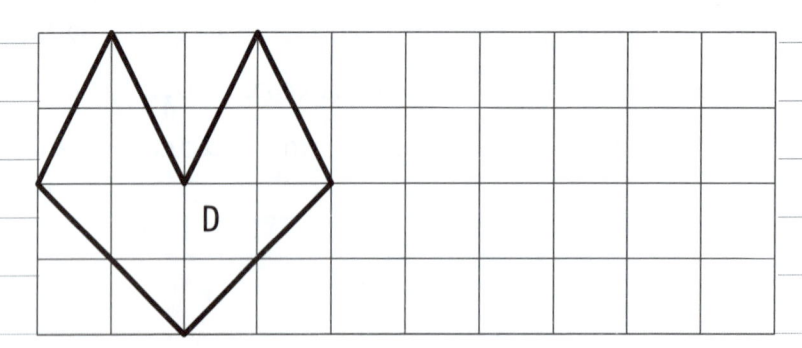

c)

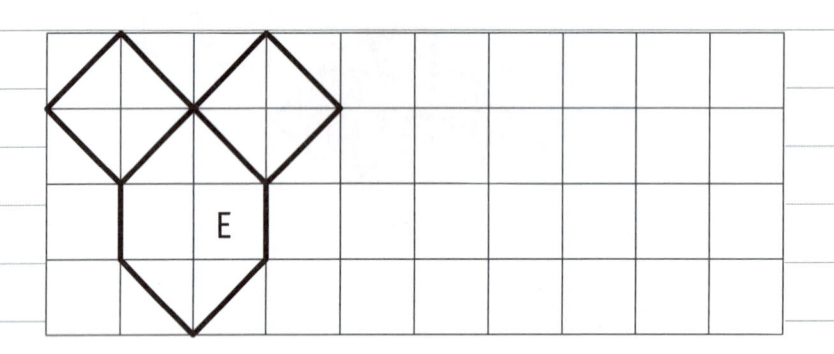

d)

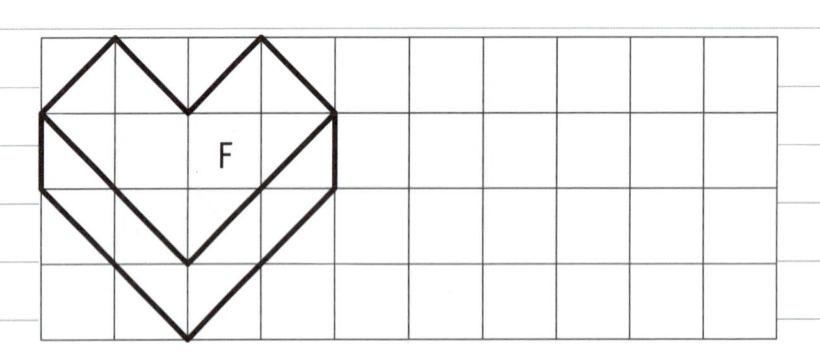

AMPLIAÇÃO E REDUÇÃO DE FIGURAS

Observe a figura A. Ao lado, a figura A" é uma redução de A. E a figura A é ampliação de A".
Numa redução ou ampliação, a proporção das medidas dos lados correspondentes é mantida.
E os ângulos correspondentes são congruentes, ou seja, têm medidas iguais.

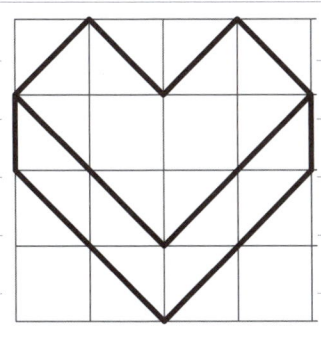

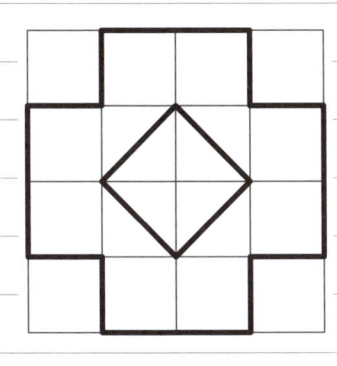

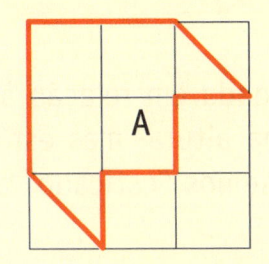

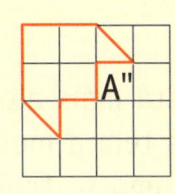

A   A"

b)

F

c)

N

15. Na malha quadriculada ao lado, desenhe a redução de cada figura.

a)

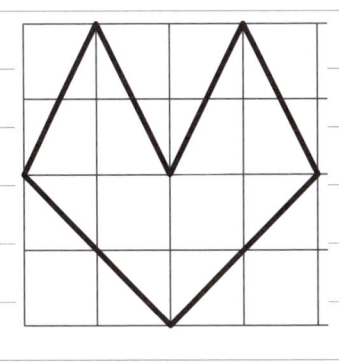

D

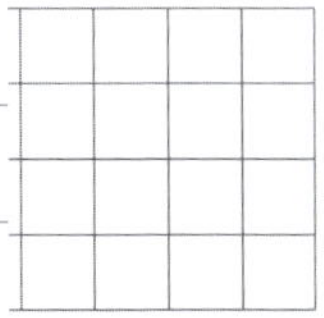

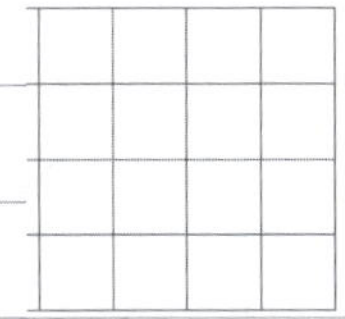

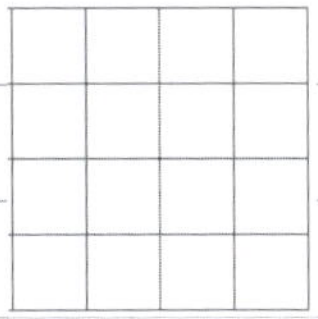

16. Na malha quadriculada ao lado, desenhe a ampliação de cada figura.

a)

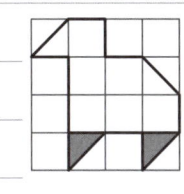

G

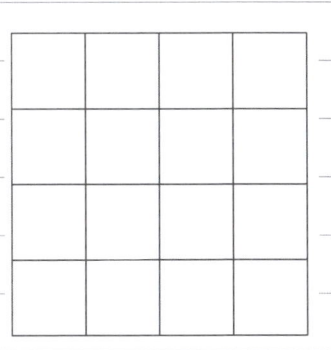

99

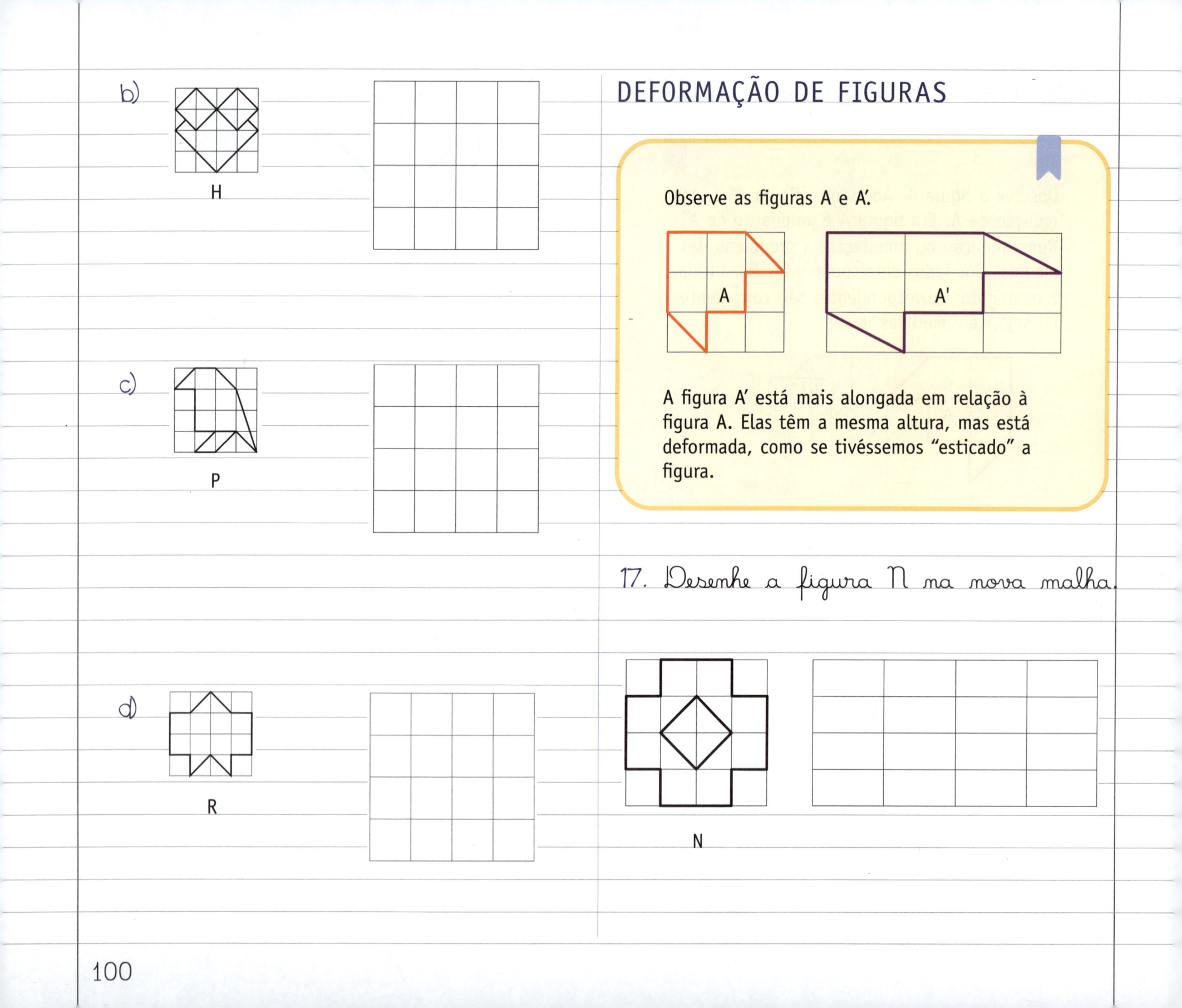

b)

H

c)

P

d)

R

DEFORMAÇÃO DE FIGURAS

Observe as figuras A e A'.

A figura A' está mais alongada em relação à figura A. Elas têm a mesma altura, mas está deformada, como se tivéssemos "esticado" a figura.

17. Desenhe a figura N na nova malha.

N

ESCALA DE UM DESENHO OU MAPA

Escala

Os mapas, que nos são familiares, são representações, por exemplo, de espaços de uma cidade, no plano do papel.

Todos os mapas têm uma escala indicada no canto da página. Observe.

BRASIL: GRANDES REGIÕES (2012)

Fonte: Atlas Geográfico Escolar. Rio de Janeiro: IBGE, 2012.

A **escala** é a relação das medidas do desenho com as medidas reais do objeto.

Observe esta planta de uma casa desenhada na escala 1 : 100 (1 para 100).

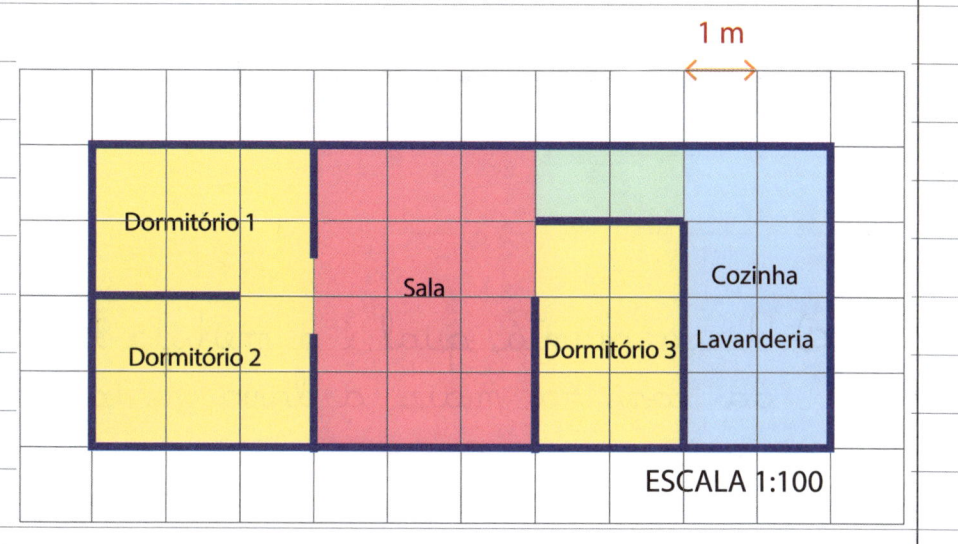

ESCALA 1:100

A escala "1 : 100" significa que cada 1 cm linear do desenho corresponde à medida de 100 cm (ou 1 metro) no objeto real.

$$1 \text{ cm} \longrightarrow 100 \text{ cm}$$
(desenho)   (objeto real)

Observe que os dormitórios medem, no desenho, 3 cm por 2 cm. Então, na construção real, esse dormitório mede 3 m por 2 m.

18. Observe novamente a planta e complete.

ESCALA 1:100

a) Nessa planta, qual é a medida total da cozinha mais a lavanderia?

b) Nessa planta, qual é a medida da área ocupada pela sala?

c) Nessa planta, qual é a medida dos dormitórios?

19. Desenhe, no espaço a seguir, a planta de sua casa.

Escala de mapas

20. Observe este mapa das Grandes Regiões do Brasil.

BRASIL: GRANDES REGIÕES (2012)

Fonte: Atlas Geográfico Escolar. Rio de Janeiro: IBGE, 2012.

Na parte inferior direita há uma escala (0 ⊢―⊣ 600 km).
Essa escala informa que cada 1 cm no mapa representa 600 km na realidade.

Complete.

a) Se medirmos esse mapa, de extremo a extremo do país, vamos encontrar aproximadamente 7 cm no sentido vertical (Norte a Sul) e 7,2 cm no sentido horizontal (Leste a Oeste).
Que distância representam 7 cm nesse mapa?

b) Nesse mapa, que distância representa um comprimento de 5 cm?

21. Observe este mapa da Região Centro-Oeste do Brasil.

REGIÃO CENTRO-OESTE: DIVISÃO POLÍTICA

Fonte: Atlas Geográfico Escolar. Rio de Janeiro: IBGE, 2012. p. 94.

Utilize sua régua para medir distâncias no mapa, e responda.

a) Em linha reta, quanto mede, em centímetros, a distância entre Cuiabá e Campo Grande?

b) Essa medida representa que distância, na realidade?

c) Em linha reta, quanto mede, em centímetros, a distância entre Campo Grande a Goiânia?

d) Essa medida representa que distância, na realidade?

e) Em linha reta, quanto mede, em centímetros, a distância entre Cuiabá a Goiânia?

104

21. Observe este mapa da Região Sudeste do Brasil.

REGIÃO SUDESTE: DIVISÃO POLÍTICA

Fonte: Atlas Geográfico Escolar. Rio de Janeiro: IBGE, 2012. p. 94.

a) Na parte inferior há uma escala (0 ⊢―⊣ 200 km). Essa escala significa que cada 1 cm do desenho representa _____ na realidade.

b) Com uma régua, meça no mapa a distância entre Belo Horizonte, em Minas Gerais, até Vitória, no Espírito Santo. Que medida você encontrou?

c) Qual é a distância real em linha reta de Belo Horizonte a Vitória?

d) Quanto mede, no mapa, a distância entre São Paulo e Rio de Janeiro?

Essa medida representa que distância real?

e) Quanto mede, no mapa, a distância entre São Paulo e Belo Horizonte?

Essa medida representa que distância real?

Bloco 8: Pensamento algébrico

CONTEÚDO

SENTENÇAS MATEMÁTICAS
- Relação de igualdade

CÁLCULO DE UM TERMO DESCONHECIDO
- Propriedades da igualdade
- Problemas
- Cálculo mental

PROPORCIONALIDADE
- Proporção: ingredientes de uma receita
- Partilha em partes desiguais

SENTENÇAS MATEMÁTICAS

Relação de igualdade

Podemos observar a igualdade em Matemática quando o resultado de uma ou mais operações matemáticas apresentam resultados iguais.

Exemplo:

Operação 1   **Operação 2**

1000 + 500 = 1500   e   900 + 600 = 1500

Logo:

1000 + 500 = 900 + 600
          ↑
          relação de igualdade

- Se adicionarmos o mesmo valor em cada um dos membros dessa igualdade, a igualdade se mantém.

  1000 + 500 + 1000 = 900 + 600 + 1000 = 2500

- Se subtrairmos o mesmo valor de cada um dos membros dessa igualdade, a igualdade se mantém.

  1000 + 500 = 900 + 600
  1000 + 500 − 500 = 900 + 600 − 500
  1000 + ~~500~~ ~~− 500~~ = 900 + 100
  1000 = 1000

1. Complete as lacunas para que as sentenças sejam verdadeiras.

a) 600 + ☐ = 1200

b) 3 000 + ☐ = 6 000

c) 1 000 + ☐ = 2 000

d) ☐ + 8 000 = 12 000

e) ☐ + 1 500 = 4 000

f) 3 000 + ☐ = 5 000

g) 5 000 + ☐ = 7 000

h) 1 200 + ☐ = 2 000

i) 1 000 + ☐ = 4 000

j) ☐ + 5 000 = 8 000

k) 4 000 + ☐ = 8 000

l) 1 000 + ☐ = 7 000

m) 2 000 + 2 000 = ☐

n) 2 000 + 4 000 = ☐

2. Complete com uma expressão para que a sentença seja verdadeira.

a) ☐ = 1500

b) ☐ = 4200

c) ☐ = 12 000

d) ☐ = 3 300

e) ☐ = 2 700

f) ☐ = 5 000

3. Escreva duas sentenças matemáticas, usando a adição e a subtração, de modo que o resultado seja 1340.

CÁLCULO DE UM TERMO DESCONHECIDO

Propriedades da igualdade

> Adicionando (ou subtraindo) um mesmo número natural em cada um dos lados da igualdade, a igualdade se mantém. Exemplo:
>
> $$1000 + 500 = 750 + 750$$
> $$1000 + 500 - 500 = 750 + 750 - 500$$
> $$1000 = 1000$$
>
> Usamos essa propriedade para descobrir o valor de um termo desconhecido. Observe.
>
> ♥ − 250 = 1000
> ♥ − 250 +250 = 1000 +250
> ♥ = 1250

4. Seguindo esse exemplo, encontre o valor dos termos desconhecidos.

a) ▲ + 350 = 780

b) ■ − 1750 = 3000

c) 4200 = ★ − 800

d) 3570 + ◆ = 5000

e) ⬢ − 680 = 4800

> Se multiplicarmos (ou dividimos) os dois membros da igualdade por um mesmo número natural diferente de zero, a igualdade se mantém.
>
> Veja um exemplo.
>
> 🟥 × 5 ÷ 5 = 400 ÷ 5
>
> 🟥 = 80

5. Seguindo esse exemplo, encontre o valor dos termos desconhecidos.

a) (★ × 10) = 500

b) 🔺 ÷ 50 = 500

c) 🔷 ÷ 27 = 200

d) 5 × 🟩 = 475

> **Regra prática**
>
> De maneira prática, no cálculo de um termo desconhecido, passamos um termo para o outro membro, invertendo o sinal: + para −; − para +; × para ÷; ÷ para ×.
>
> 🟥 + 3 = 9   🔵 × 5 = 30
> 🟥 = 9 −3   🔵 = 30 ÷5
> 🟥 = 6   🔵 = 6
>
> 🔺 − 8 = 6   🟫 ÷ 4 = 6
> 🔺 = 6 +8   🟫 = 6 ×4
> 🔺 = 14   🟫 = 24

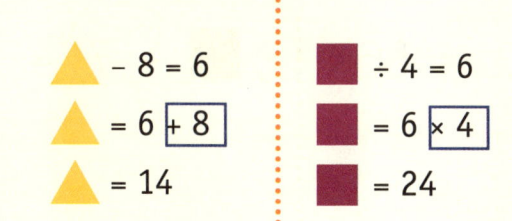

6. Descubra o valor do termo desconhecido.

a) ■ × 17 = 527

b) ■ ÷ 5 = 17

c) ■ + 24 = 120

d) ■ × 16 = 768

e) ■ + 32 = 56

f) ■ × 7 = 49

g) ■ × 15 = 180

h) ■ − 46 = 68

i) ■ × 8 = 72

j) ■ − 19 = 34

k) ■ ÷ 7 = 9

l) ■ + 9 = 116

Problemas

7. Qual é o número que dividido por 2 é igual a 84?

Cálculo   Resposta

8. Qual é o número cujo triplo é igual a 45?

Cálculo   Resposta

9. Em uma multiplicação, o produto é 426, e um dos fatores é 2. Qual é o outro fator?

Cálculo   Resposta

10. Lili ganhou uma caixa com pastéis. Comeu 10 deles, e sobraram 15. Quantos pastéis havia na caixa?

Cálculo   Resposta

11. O quíntuplo de um número é igual a 60. Qual é o número?

Cálculo   Resposta

12. O sêxtuplo de um número é igual a 60. Qual é o número?

Cálculo   Resposta

13. Coloque os sinais ☐+ e ☐− nos lugares adequados.

47 ☐ 10 ☐ 3 = 54
24 ☐ 24 ☐ 24 = 72
54 ☐ 7 ☐ 39 = 86
139 ☐ 654 ☐ 3 = 790
98 ☐ 19 ☐ 18 = 61
78 ☐ 65 ☐ 37 = 106
34 ☐ 14 ☐ 84 = 104
73 ☐ 19 ☐ 53 = 107
123 ☐ 7 ☐ 94 = 36
36 ☐ 4 ☐ 12 = 44

14. Complete o quadro de multiplicações, calculando mentalmente.

x	3	5	8	10	12
4	12				
7		35			
10				100	
11					132
20					
30	90				

111

a) Escreva uma igualdade com as sentenças do quadro que resultam 100.

b) Escreva uma igualdade com as sentenças do quadro que resultam 240.

PROPORCIONALIDADE

Proporção: ingredientes de uma receita

15. Patrícia e Luiza resolveram fazer uma receita de rocambole. Veja os ingredientes do recheio.

- 500 gramas de carne moída
- 200 gramas de queijo muçarela
- 1 lata de milho em conserva
- 1 cebola
- Alho e sal a gosto

a) Reescreva a receita do recheio, usando apenas a metade dos ingredientes.

- _____ gramas de carne moída
- _____ gramas de queijo muçarela
- _____ de milho em conserva
- _____ cebola
- Alho e sal a gosto

b) Agora, reescreva a receita do recheio, para 2 receitas.

- _____ gramas de carne moída
- _____ gramas de queijo muçarela
- _____ de milho em conserva
- _____ cebolas
- Alho e sal a gosto

Partilha em partes desiguais

Divisão em partes desiguais

Vamos dividir 18 goiabas entre Chico e Bento.

Bento vai receber o dobro do que Chico vai receber.

Quantas goiabas cabem a cada um?

Resolução

Representamos a parte de Chico por ●.

Chico: ●
Bento: 2 ●

● + 2● = 18
3● = 18
● = 6

Resposta: Chico vai receber 6 goiabas, e Bento vai receber 12.

16. Ricardo vai dividir 280 reais entre seus 3 filhos para as despesas do fim de semana.
- Metade para Luciano, que tem 18 anos.
- O que sobrar será dividido entre Sofia e Cecília, que têm 8 anos. Quanto receberá cada um? Complete.

Resolução
- Luciano:

- Sofia:

- Cecília:

17. Em uma brincadeira com figurinhas, os amigos contaram 75 figurinhas no total. Ao final, Simone ficou com 7 figurinhas a mais do que João, e Beto ficou com 4 a menos do que João. Com quantas figurinhas ficou cada um dos amigos?

Resposta:

18. Em um jogo de cartas, Maria e Jonas fizeram, juntos, 66 pontos. Maria fez o dobro de pontos de Jonas. Quantos pontos fez cada um?

Resposta:

19. Olha os pontos que José e Hugo fizeram em um jogo de bolinhas de gude. Hugo terminou o jogo com o triplo de pontos de José.
Se eles tinham, juntos, 36 bolinhas, com quantas bolinhas ficou cada um?

Resposta:

20. Veja os pontos de 3 amigos em um jogo de varetas.
- Jota: triplo dos pontos de Vivi
- Tina: pontos iguais aos da Vivi

O total de pontos foi 360. Quantos pontos fez cada um?

Resposta:

Bloco 9: Grandezas e medidas

CONTEÚDO

NOSSO DINHEIRO
- Problemas

NOSSO DINHEIRO

> No Brasil, a moeda é o real.
> Símbolo: R$
> 1 real = 100 centavos

1. Escreva por extenso.

R$ 0,60 →

R$ 9,30 →

R$ 73,50 →

R$ 131,00 →

R$ 490,00 →

R$ 1 608,00 →

R$ 72,00 →

R$ 1,70 →

R$ 2 590,80 →

R$ 0,75 →

R$ 3 240,00 →

R$ 4 900,90 →

2. Represente, em reais, os seguintes valores. Use o símbolo R$.

- quarenta e dois reais e dez centavos

- trezentos e vinte e seis reais

- quinhentos e dois reais e dezoito centavos
- vinte e cinco reais
- três mil, quatrocentos e nove reais
- cinco mil e cinquenta reais
- doze mil, oitocentos e vinte e quatro reais e quarenta centavos
- quinhentos e noventa e nove reais
- dezoito mil, seiscentos e quatro reais e trinta centavos
- seis mil, duzentos e oitenta reais

3. Responda.

a) De quantas moedas de 5 centavos eu preciso para completar 2 reais?

b) Vou pagar 2 bilhetes de 15 reais cada um, com moedas de 50 centavos. Quantas moedas são?

c) Quantas moedas de 25 centavos são necessárias para se ter 5 reais?

d) Quantas moedas de 10 centavos são necessárias para se ter 12 reais?

e) Preciso de quantas moedas de 1 centavo para trocar por 2 moedas de 50 centavos?

f) Qual a menor quantidade de moedas que preciso para ter 1 real e setenta e oito centavos?

4. Calcule.

Carla foi às compras e regressou com os seguintes alimentos em sua sacola:
- um quilo de feijão a R$ 8,00 o quilo;
- um quilo de arroz a R$ 7,00 o quilo;
- um quilo e meio de amendoim a R$ 5,00 o quilo;
- uma lata de 150 g de sardinhas a R$ 8,00 a lata;
- três pacotes de macarrão de 500 g a R$ 4,00 o pacote;
- dois quilos de bisteca suína a R$ 20,00 o quilo;
- meio quilo de queijo a R$ 25,00 o quilo.

Complete o quadro e calcule quanto Carla gastou nas suas compras.

		Preço unitário	total
Feijão	1 kg		
Arroz	1 kg		
Amendoim	1,5 kg		
Lata sardinha	1 lata		
Macarrão	3 pacotes		
Bisteca	2 kg		
Queijo	0,5 kg		
		Total gasto por Carla →	

Carla gastou ____.

Problemas

5. Um trabalhador ganha R$ 1500,00. Vai receber 10% de aumento. Quantos reais vai receber de aumento? Qual será seu ordenado depois do aumento?

Cálculo

Resposta:

6. Comprei uma mercadoria por R$ 180,00 e a vendi com um lucro de 15%. Por quanto a vendi?

Cálculo

Resposta:

7. Papai quer comprar um eletrodoméstico que custa R$ 500,00. À prestação, terá um acréscimo de 10%. Quanto vai custar o eletrodoméstico se comprar à prestação?

Cálculo

Resposta:

8. Um técnico em eletrônica ganha, por mês, R$ 2520,00. Gasta 60% dessa quantia para o sustento da família. Quanto lhe sobra para guardar?

Cálculo

Resposta:

9. Luciana gastou R$ 415,00 em roupas. Pagou 40% de entrada, e o restante, em 3 prestações iguais. Que quantia ela deu de entrada e qual foi o valor de cada prestação?
Cálculo

Resposta:

10. Davi vendeu 3 carteiras por R$ 12,70 cada uma. Quanto recebeu na venda?
Cálculo

Resposta:

11. Mamãe comprou uma roupa por R$ 560,00 em três prestações. De entrada, deu R$ 200,00. O restante, vai pagar em 2 prestações iguais. Quanto será cada parcela?
Cálculo

Resposta:

12. Ana vai comprar uma máquina de costura por R$ 1840,00. Vai pagar R$ 440,00 de entrada, e o restante em 4 prestações iguais. De quanto será cada prestação?
Cálculo

Resposta:

13. Comprei uma máquina de lavar por R$ 1 350,00. Um mês depois a vendi por R$ 1 397,00. Qual foi o meu lucro?
    Cálculo

    Resposta:

14. Maria comprou um vestido por R$ 247,00. Deu uma entrada de R$ 55,00 e pagará o restante em três parcelas iguais. Qual será o valor de cada parcela?
    Cálculo

    Resposta:

15. Marta comprou 2 blusas e 3 calças. Cada blusa custou R$ 48,00, e cada calça, R$ 66,00. Ela pagou a compra com três notas de R$ 100,00. Quanto Marta recebeu de troco?
    Cálculo

    Resposta:

16. Um carro custa R$ 24 000,00. Ele pode ser pago assim: R$ 12 000,00 de entrada, e o restante em 4 prestações iguais. Qual será o valor de cada prestação?
    Cálculo

    Resposta:

Bloco 10: Grandezas e medidas

CONTEÚDO

MEDIDAS DE COMPRIMENTO
- Perímetro
- Problemas

MEDIDAS DE CAPACIDADE
- Problemas

MEDIDAS DE MASSA
- Problemas

MEDIDAS DE COMPRIMENTO

A unidade fundamental de medida de comprimento é o **metro**. A abreviatura de metro é **m**.

Para medir grandes distâncias, usamos o **quilômetro** (km).

| quilômetro | km | 1 km = 1 000 metros |

Para medir pequenos comprimentos, usamos o **centímetro** (cm) e o **milímetro** (mm).

| centímetro | cm | 1 cm = 0,01 metro |
| milímetro | mm | 1 mm = 0,001 metro |

1. Faça as transformações de unidades.

1 cm = ____ mm

10 cm = ____ mm

250 mm = ____ cm

2,5 cm = ____ mm

1 m = ____ mm

25 cm = ____ m

100 cm = ____ m

10 km = ____ m

5700 m = ____ km

1,2 km = ____ m

100 mm = ____ cm

1000 mm = ____ m

2. Represente.

25 metros → ☐

10 centímetros → ☐

1 metro e 50 centímetros → ☐

6 metros e 32 centímetros → ☐

7 metros e 5 centímetros → ☐

25 quilômetros e 250 metros → ☐

25 quilômetros e 25 metros → ☐

10 metros e 5 milímetros → ☐

3. Observe o exemplo e decomponha as seguintes medidas.

6,45 m = 6 metros e 45 centímetros

a) 5,255 m =

b) 2,751 km =

c) 4,849 m =

d) 3,14 m =

e) 14,07 m =

f) 8,250 km =

g) 0,75 m =

h) 0,810 m =

4. Faça as transformações de unidades.

a) 235 cm =   m

b) 75 cm =   m

c) 400 m =   cm

d) 2,1 m =   cm

e) 0,1 m =   cm

f) 0,1 km =   m

g) 4,34 m =   cm

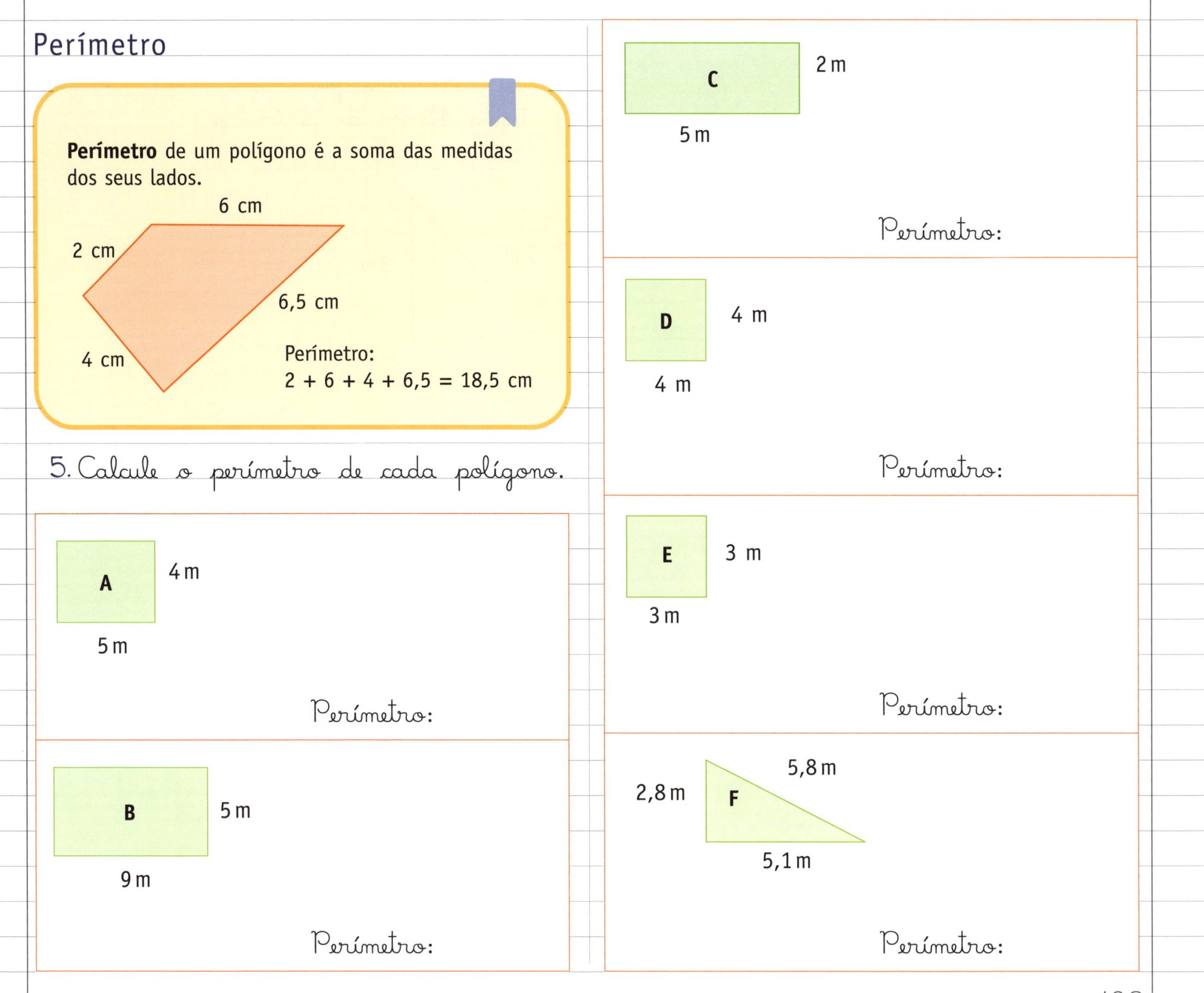

Perímetro

Perímetro de um polígono é a soma das medidas dos seus lados.

6 cm
2 cm
6,5 cm
4 cm

Perímetro:
2 + 6 + 4 + 6,5 = 18,5 cm

5. Calcule o perímetro de cada polígono.

A — 4 m / 5 m

Perímetro:

B — 5 m / 9 m

Perímetro:

C — 2 m / 5 m

Perímetro:

D — 4 m / 4 m

Perímetro:

E — 3 m / 3 m

Perímetro:

F — 2,8 m / 5,8 m / 5,1 m

Perímetro:

123

G 2,5 cm
3,5 cm

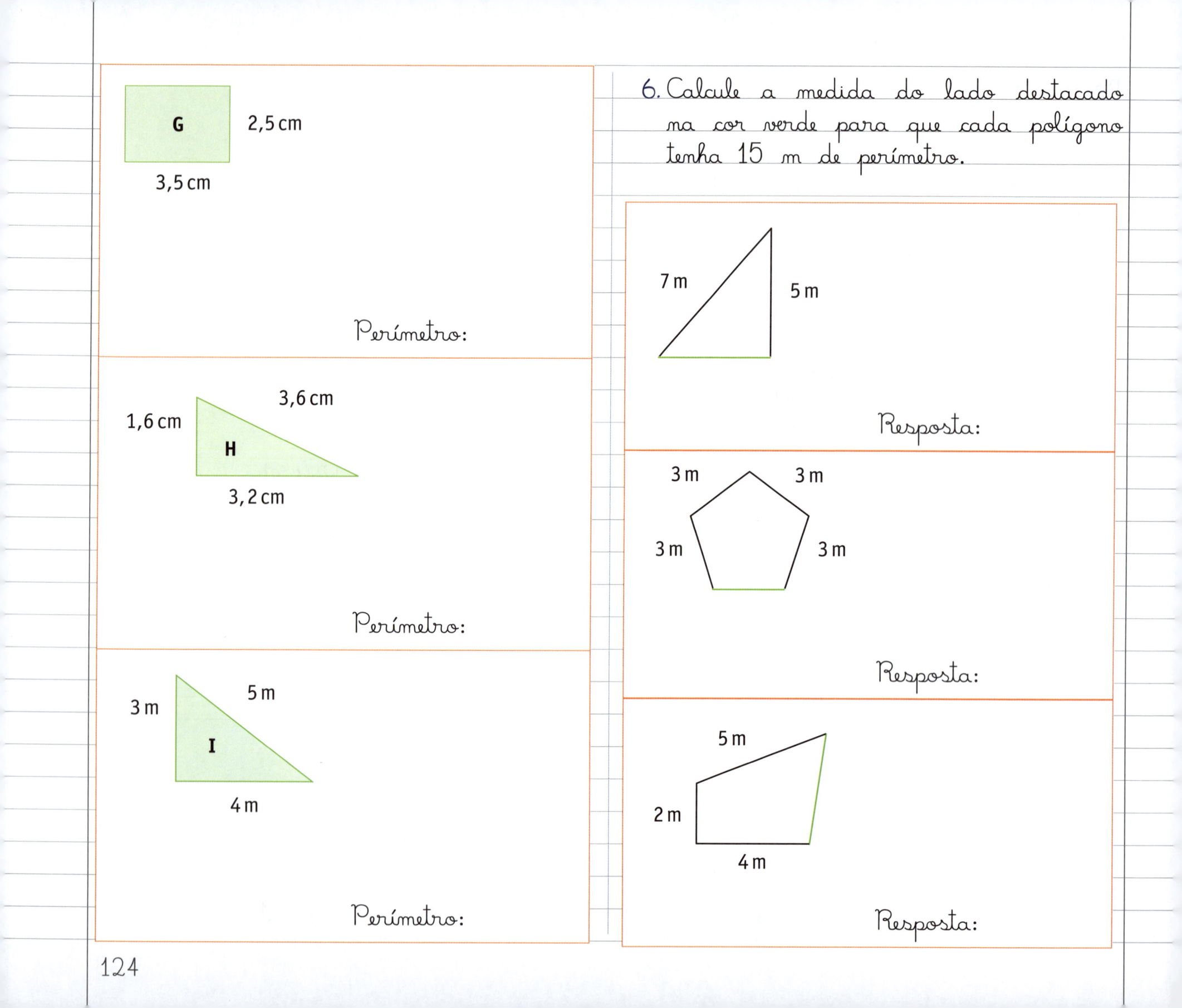

Perímetro:

3,6 cm
1,6 cm
H
3,2 cm

Perímetro:

5 m
3 m
I
4 m

Perímetro:

6. Calcule a medida do lado destacado na cor verde para que cada polígono tenha 15 m de perímetro.

7 m   5 m

Resposta:

3 m   3 m
3 m   3 m

Resposta:

5 m
2 m
4 m

Resposta:

7. Com uma régua, meça os lados dos polígonos e calcule o perímetro de cada um.

Perímetro:

Perímetro:

Perímetro:

Perímetro:

Perímetro:

Problemas

8. Qual é o perímetro de um quadrado cujo lado mede 8 cm?

Cálculo   Resposta

9. A tampa de uma caixa de sapatos tem a forma de um retângulo, que mede 25 cm por 12 cm. Qual é seu perímetro?

Cálculo   Resposta

10. Qual é o perímetro de um tabuleiro retangular que mede 30 cm por 20 cm?

Cálculo   Resposta

11. Papai comprou um terreno quadrado cujo perímetro é 60 m. Quanto mede cada lado do terreno?

Cálculo   Resposta

12. Qual é o perímetro de um triângulo equilátero cujos lados medem 6 cm?

Cálculo   Resposta

13. Calcule o perímetro de um retângulo de 7,8 m de comprimento e 3,6 m de largura.

Cálculo   Resposta

14. Calcule o perímetro de um retângulo cuja base é três vezes a altura, que mede 4 m.

Cálculo

Resposta:

15. Calcule o perímetro da capa de um livro cujas medidas são 28,5 cm por 23,0 cm?

Cálculo

Resposta:

16. Uma sala tem 4,5 m de comprimento e 3,8 m de largura. Sabendo que a porta dessa sala tem 85 cm de largura, quantos metros de rodapé serão necessários para colocar nesse cômodo?

Cálculo

Resposta:

MEDIDAS DE CAPACIDADE

A unidade fundamental de medida de capacidade é o **litro**.
A abreviatura de litro é **L**.

- 1 litro corresponde à capacidade de uma caixa cúbica de 10 cm de aresta.

- 1 litro corresponde ao volume de 1 decímetro cúbico (1 dm³) ocupado por um líquido.

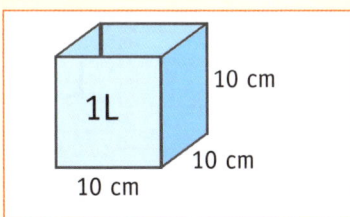

    1 dm³ = 1 L

- 1 metro cúbico corresponde ao volume de uma caixa cúbica de 1 m de aresta.

- Em um cubo de 1 m de aresta cabem 1 000 cubinhos de 10 cm de aresta.

- Isso significa que em 1 m³ cabem 1 000 L.

    1 m³ = 1 000 L

- Para medir quantidades menores de líquido, usamos o mililitro.

    1 L = 1 000 mL

17. Faça as transformações de unidades solicitadas.

a) 15 L = ☐ dm³

b) 7 L = ☐ dm³

c) 22 L = ☐ dm³

d) 9,6 dm³ = ☐ L

e) 3,5 dm³ = ☐ L

f) 6 dm³ = ☐ L

g) 10 m³ = ☐ L

h) 0,080 m³ = ☐ L

i) 100 dm³ = ☐ L

j) 1000 L = ☐ dm³

k) 100 m³ = ☐ L

18. Transforme litros em metros cúbicos.

a) 7000 L = ☐ m³

b) 5 L = ☐ m³

c) 2 L = ☐ m³

d) 34 L = ☐ m³

e) 683 L = ☐ m³

f) 76 L = ☐ m³

g) 43100 L = ☐ m³

h) 276 L = ☐ m³

i) 14300 L = ☐ m³

j) 75947 L = ☐ m³

k) 821 L = ☐ m³

Problemas

19. Um depósito contém 350 L de suco. Quantos garrafões de 5 L podem ser enchidos com esse suco?

Cálculo | Resposta

20. Maria gasta 0,5 L de álcool por semana. Quanto vai gastar durante 8 semanas?

Cálculo | Resposta

21. Quantos litros de água cabem em um tanque que mede 10 m de comprimento, 5 m de largura e 2 m de altura?

Cálculo | Resposta

22. Tenho 14,4 litros de refresco para colocar em garrafas de 480 mL de capacidade. Quantas garrafas serão necessárias?

Cálculo | Resposta

23. Em um mês, a leitura do hidrômetro de um prédio escolar registrou um consumo de 83 m³ de água. Quantos litros de água foram consumidos?

Cálculo   Resposta

24. Um tanque de 120 m³ de capacidade estava cheio de gasolina. Foram vendidos 9680 L. Quantos litros de gasolina ficaram no tanque?

Cálculo

Resposta

MEDIDAS DE MASSA

As unidades de medida de massa usadas no dia a dia são o **quilograma** (kg) e o **grama** (g).

1 kg = 1 000 g

1 g = 0,001 kg

Para pequenas massas, utilizamos o **miligrama** (mg).

1 mg = 0,001 kg

1 g = 1 000 mg

Para grandes massas, utilizamos a **tonelada** (t).

1 t = 1 000 kg

1 kg = 0,001 t

Existem outras unidades como o **arroba** (@), usada em pesagem de animais e de produtos agrícolas.

O arroba corresponde à massa de 15 kg.

1 @ = 15 kg

25. Complete corretamente.

   a) 3 quilos têm ☐ gramas.

   b) Meia tonelada é igual a ☐ quilogramas.

   c) $\frac{3}{4}$ kg são ☐ gramas.

   d) 5 arrobas têm ☐ quilogramas.

   e) 2 000 gramas são ☐ quilos.

   f) $\frac{1}{4}$ de quilo são ☐ gramas.

   g) Meio quilo tem ☐ gramas.

26. Faça as transformações para a unidade de medida indicada.

   a) 0,25 kg para g = ☐

   b) 80 g para kg = ☐

   c) 0,6 g para mg = ☐

   d) 400 mg para g = ☐

   e) 62 mg para g = ☐

   f) 0,07 g para mg = ☐

   g) 60 g para kg = ☐

   h) 8 kg para g = ☐

27. Escreva V se for verdadeiro e F se for falso.

   a) 0,72 kg = 720 g ( )

   b) 2,5 kg = 250 g ( )

   c) 1 kg = 4 × 250 g ( )

   d) 6 kg ≠ 50 g ( )

   e) 6529 g = 652,29 kg ( )

   f) 4000 kg = 4 t ( )

Problemas

28. Mamãe pesava 68,8 kg e emagreceu 3,3 kg. Quanto está pesando?

   Cálculo   Resposta

29. Um pacote de açúcar pesa 2 kg. Foram retirados 650 g para fazer um bolo. Quantos gramas restaram no pacote?

   Cálculo   Resposta

30. Tenho 20 kg de manteiga para distribuir em potes de 250 g. Quantos potes serão necessários?

   Cálculo   Resposta

31. Um padeiro fez 500 pãezinhos iguais com 6 pacotes de farinha, pesando 5 kg cada um. Quantos gramas de farinha foram usados em cada pão?

   Cálculo   Resposta

Bloco 11: Grandezas e medidas

CONTEÚDO

ÁREAS E PERÍMETROS
- Área
- Áreas e perímetros em malha quadriculada

VOLUME: EMPILHAMENTOS

Uma área quadrada de 1 cm de lado mede 1 cm² (1 centímetro quadrado).

1 cm   A   A = 1 cm²
1 cm

ÁREAS E PERÍMETROS

Área

Área é a medida da superfície ocupada por uma figura plana.

Medidas de área

A unidade fundamental de área é o **metro quadrado**. A abreviatura de metro quadrado é **m²**.

O metro quadrado (m²) é a área de um quadrado de 1 m por 1 m.

1 m   A   A = 1 m × 1 m = 1 m²
1 m   A = 1 m²

1. Quantos metros quadrados cabem em uma superfície quadrada de 5 m por 5 m?

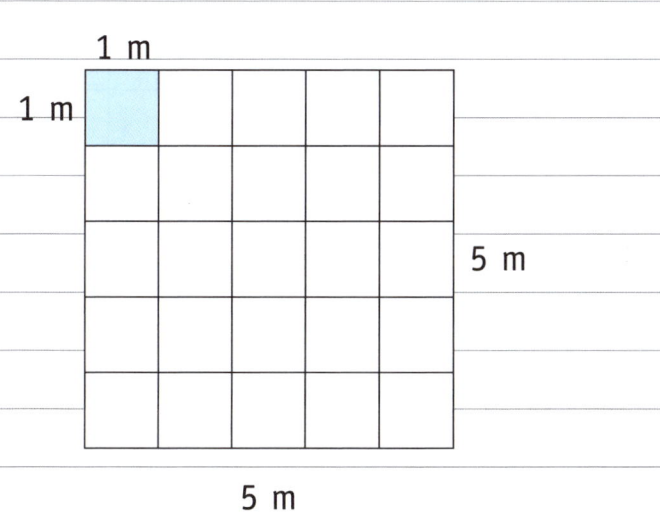

1 m
1 m
5 m
5 m

Observe que nessa superfície cabem 25 quadrados de 1 m².

Então, em uma superfície de 5 m × 5 m cabem _____.

2. Quantos quadrados de 1 cm² cabem em uma superfície quadrada de 10 cm de lado?

10 cm
10 cm

Cálculo:

Áreas e perímetros em malha quadriculada

Agora, vamos medir áreas e perímetros de figuras desenhadas em malha quadriculada.

Observe a figura F. Nesse quadriculado, vamos considerar que o lado do quadradinho mede uma unidade de comprimento (1u), e a área do quadradinho mede uma unidade de área (1U).

Assim, o perímetro de F é 12u, e a área de F é 8U

Perímetro de F: 12u
Área de F: 8U
área U

3. Calcule o perímetro P e a área A das seguintes figuras.

Perímetro: _____ u
Área: _____ U

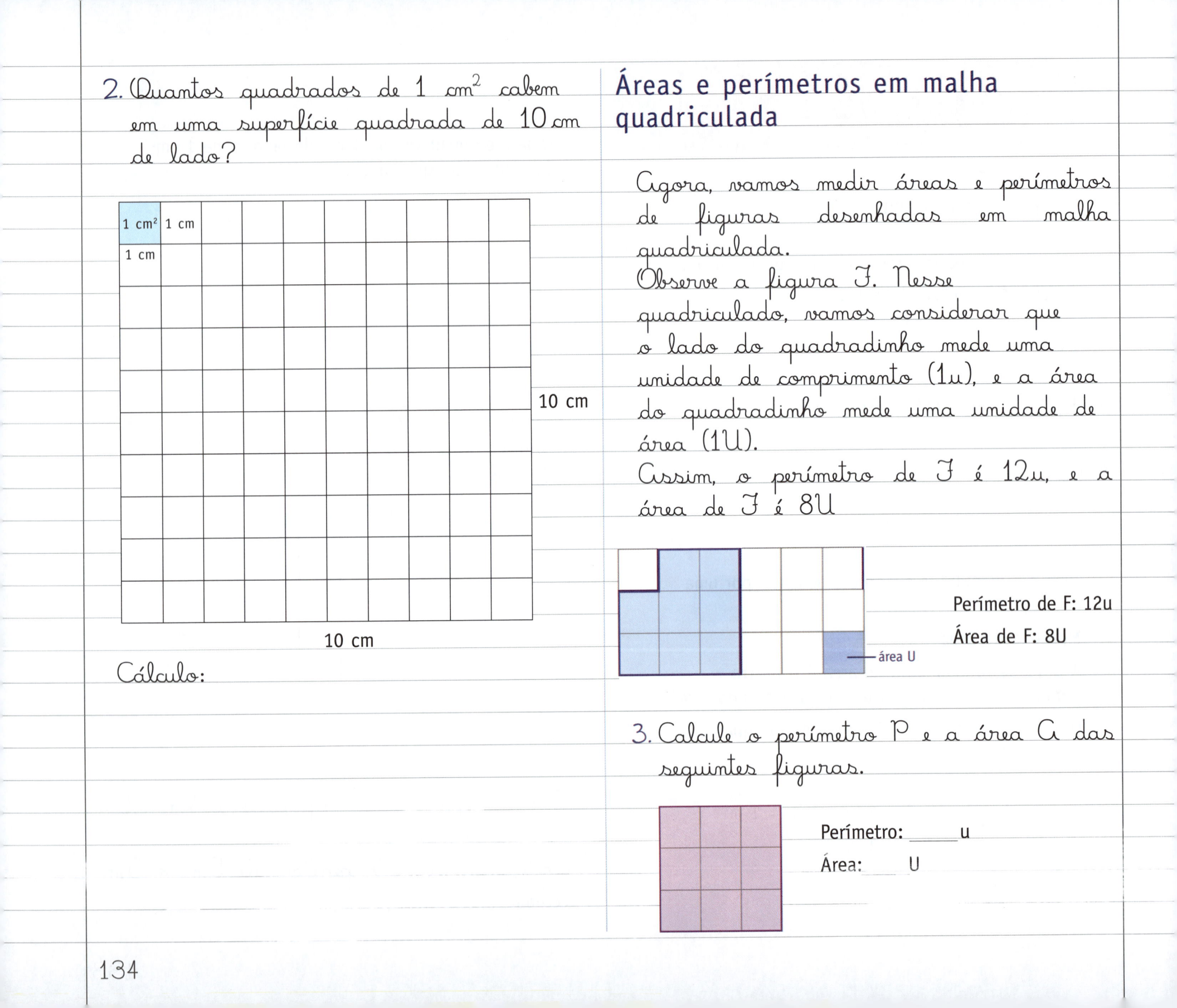

134

Perímetro: ____ u
Área: ____ U

Perímetro: ____ u
Área: ____ U

Perímetro: ____ u
Área: ____ U

a) Qual dessas figuras (M, N ou P) tem maior perímetro?

b) Qual dessas figuras (M, N ou P) tem maior área?

4. Calcule o perímetro e a área das seguintes figuras.

M
Perímetro: ____ u
Área: ____ U

5. Calcule o perímetro e a área destas figuras.

R
Perímetro: ____ u
Área: ____ U

S
Perímetro: ____ u
Área: ____ U

N
Perímetro: ____ u
Área: ____ U

a) Qual dessas figuras tem maior perímetro?

b) Qual dessas figuras tem maior área?

6. Calcule o perímetro e a área destas figuras.

T

Perímetro: _____ u
Área: _____ U

V

Perímetro: _____ u
Área: _____ U

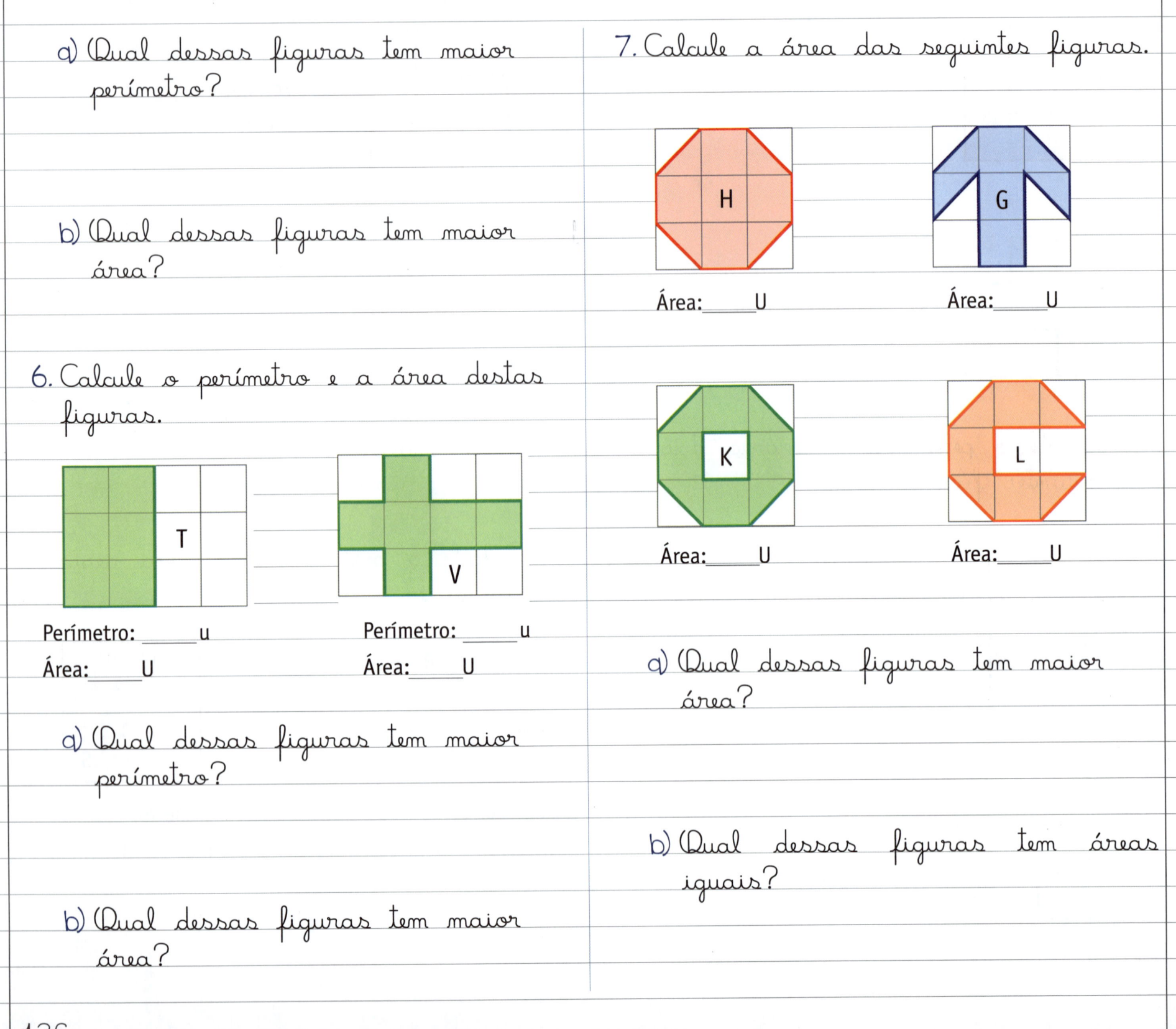

a) Qual dessas figuras tem maior perímetro?

b) Qual dessas figuras tem maior área?

7. Calcule a área das seguintes figuras.

H

Área: _____ U

G

Área: _____ U

K

Área: _____ U

L

Área: _____ U

a) Qual dessas figuras tem maior área?

b) Qual dessas figuras tem áreas iguais?

VOLUME: EMPILHAMENTOS

Ao estudarmos medidas de capacidade, mencionamos o volume de uma caixa cúbica de 1 metro de aresta.

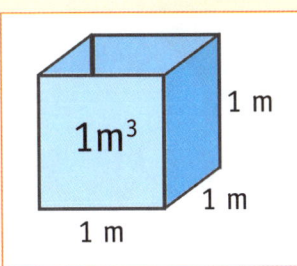

1 m³ → Lê-se: um metro cúbico.

Agora, vamos estudar volume, fazendo empilhamento de cubos.

8. Observe a figura.

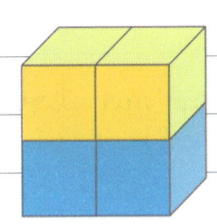

a) Quantos cubos há nessa pilha?

b) Considerando que cada cubinho desses é uma unidade de medida de volume, o cubo grande mede _____ unidades de volume.

9. Quantos cubos formam este cubo grande?

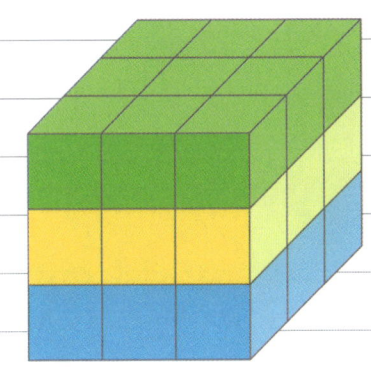

- São _____ cubos verdes.
- São _____ cubos cor amarela.
- São _____ cubos azuis.
- São no total 3 × _____ = _____ cubos.

137

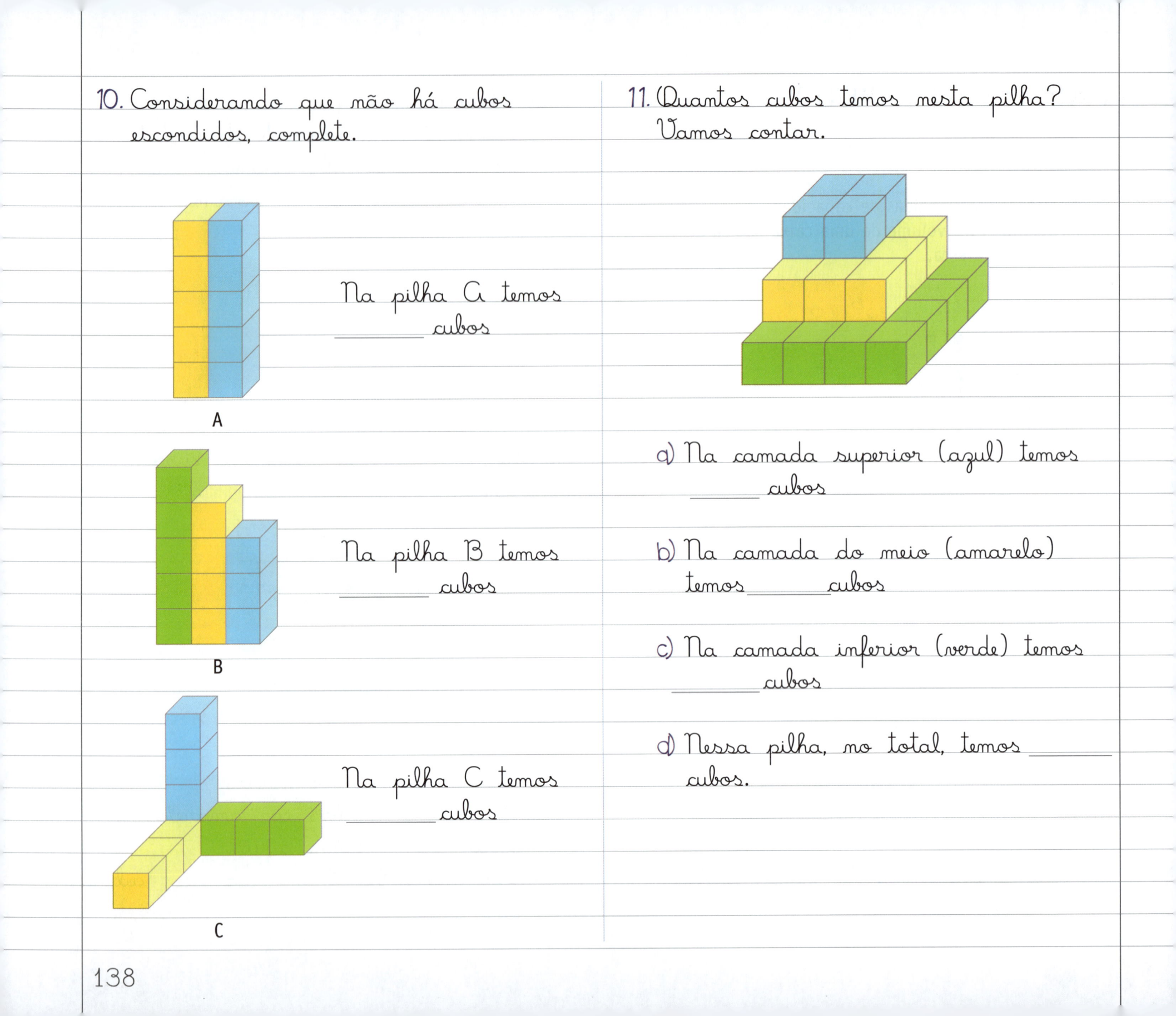

10. Considerando que não há cubos escondidos, complete.

Na pilha A temos _____ cubos

A

Na pilha B temos _____ cubos

B

Na pilha C temos _____ cubos

C

11. Quantos cubos temos nesta pilha? Vamos contar.

a) Na camada superior (azul) temos _____ cubos

b) Na camada do meio (amarelo) temos _____ cubos

c) Na camada inferior (verde) temos _____ cubos

d) Nessa pilha, no total, temos _____ cubos.

12. Complete com as quantidades de cubos em cada pilha e responda.

☐   ☐   ☐

☐   ☐

a) Escreva a sequência formada por esses números.

b) Que sequência é essa?

13. Complete com as quantidades de cubos em cada pilha e responda.

☐   ☐   ☐

☐   ☐

a) Escreva a sequência formada por esses números.

b) Que sequência é essa?

Bloco 12: Grandezas e medidas

CONTEÚDO

MEDIDAS DE TEMPO
- Outras unidades de medidas de tempo
- Problemas

MEDIDAS DE TEMPERATURA
- Termômetro
- Temperatura máxima e temperatura mínima
- Amplitude térmica

MEDIDAS DE TEMPO

Será que vai dar tempo?

Tempo chuvoso...

O tempo pode ser contado e medido de diferentes maneiras.

O dia

O tempo que a Terra demora para realizar o movimento de rotação, ou seja, dar uma volta completa sobre seu próprio eixo dura 24 horas e é chamado **dia**.

O ano

O tempo que a Terra demora para realizar o movimento de translação, ou seja, dar uma volta completa ao redor do Sol é de 365 dias e é chamado **ano**.

Unidades de medida menores que o dia: a hora, o minuto e o segundo.

- O dia tem 24 horas.
- Em 1 hora, temos 60 minutos.
- Em 1 minuto, temos 60 segundos.

O **segundo** é a unidade fundamental de medida de tempo. Representação: s .

1. Complete.

a) O ano comercial tem ☐ dias, e o mês comercial tem ☐ dias.

b) No ano ☐, o mês de fevereiro tem 29 dias.

140

2. Escreva de forma abreviada, como no exemplo.

> 5 horas e 45 minutos
> 5 h 45 min

a) 3 horas, 20 minutos e 15 segundos

b) 10 horas e 5 minutos

c) 25 minutos

d) 11 horas, 40 minutos e 35 segundos

e) 6 horas, 50 minutos e 55 segundos

f) 9 horas, 15 minutos e 22 segundos

g) 48 minutos

3. Transforme em unidades de medida de tempo correspondentes.

> 2 horas e 25 minutos em minutos
> (2 × 60) + 25 = 145 minutos

a) 5 horas em minutos ☐

b) 8 minutos em segundos ☐

c) 4 horas e 20 minutos em minutos ☐

d) 15 minutos em segundos ☐

e) 6 minutos e 25 segundos em segundos ☐

f) 10 horas e 5 minutos em minutos ☐

4. Continue transformando as unidades de medida de tempo.

a) 210 minutos são ☐ horas e ☐ minutos.

b) 60 segundos corresponde a ☐ minuto.

c) 150 segundos são ☐ minutos e ☐ segundos.

d) 480 minutos são ☐ horas.

e) 240 minutos são ☐ horas.

5. Complete.

a) 45 dias = ☐ mês e ☐ dias

b) 90 dias = ☐ meses

c) 180 dias = ☐ meses

d) 250 dias = ☐ meses e ☐ dias

e) 60 meses = ☐ anos

f) 86 meses = ☐ anos e ☐ meses

6. Complete.

a) $\frac{3}{4}$ de hora = ☐ minutos

b) $\frac{1}{4}$ de hora = ☐ minutos

c) 2 horas e meia = ☐ minutos

d) $\frac{1}{2}$ de um mês = ☐ dias

e) $\frac{1}{2}$ de um ano = ☐ meses

f) $\frac{1}{2}$ do dia = ☐ horas

g) $\frac{1}{3}$ de hora = ☐ minutos

h) $\frac{1}{3}$ do ano = ☐ meses

i) 5 horas = ☐ minutos

j) $\frac{1}{4}$ do ano = ☐ meses

Outras unidades de medida de tempo

semana .... 7 dias
quinzena.. 15 dias
mês.. 28, 29, 30 ou 31 dias
bimestre .... 2 meses
trimestre .... 3 meses
semestre .... 6 meses
biênio .... 2 anos
triênio .... 3 anos
quadriênio... 4 anos
quinquênio ou lustro .... 5 anos
decênio ou década .... 10 anos
século .... 100 anos
milênio .... 1000 anos

7. Complete corretamente.

a) Um biênio são ☐ anos.

b) ☐ horas são 180 minutos.

c) Cinco décadas são ☐ anos.

d) Dois trimestres são ☐ dias.

e) Duas quinzenas são ☐ dias.

f) ☐ meses formam 3 semestres.

g) Três dias são ☐ horas.

h) Duas semanas são ☐ dias.

i) 10 décadas são ☐ anos.

j) Um quinquênio são ☐ anos.

k) 10 décadas é o mesmo que um ☐.

l) 2 trimestres é o mesmo que um ☐.

m) Em 1 ano, temos ☐ semestres.

n) Em 1 ano, temos ☐ trimestres.

Problemas

8. Marcelo ganha R$ 10,00 por hora e trabalha 6 horas por dia. Vai trabalhar durante todos os dias de um trimestre. Quanto receberá?

Cálculo

Resposta

9. Maria recebe R$ 420,00 por semana. Quanto receberá em um mês? E em um trimestre?

Cálculo

Resposta

10. Em um ano, quanto recebe num ano um trabalhador que ganha R$ 1 200,00 por mês?

Cálculo

Resposta

11. A viagem de Alice durou 8 semanas. Quantos dias ela passou viajando?

Cálculo

Resposta

12. Um chafariz fornece 80 litros de água por minuto. Quantos litros fornece em duas horas?

Cálculo

Resposta

13. Um automóvel percorre 80 quilômetros por hora. Em quantas horas percorrerá 720 quilômetros?

Cálculo

Resposta

14. Trabalhei durante 6 horas e meia. Quantos minutos trabalhei?

Cálculo

Resposta

15. Com uma velocidade média de 60 km por hora, uma motocicleta percorrerá 480 km em quantas horas?

Cálculo

Resposta

16. Um relógio atrasa 6 minutos a cada hora. Calcule os minutos que terá atrasado em 2 dias. Vai atrasar mais ou menos do que 5 horas?

Cálculo

Resposta

MEDIDAS DE TEMPERATURA

Termômetro

O instrumento usado para medir a temperatura é o termômetro.

A unidade usada para medir temperaturas no Brasil é o grau Celsius.

Nessa escala, a temperatura zero (0ºC) é a temperatura em que a água congela.

E a temperatura de 100 graus (100ºC) é a temperatura em que a água ferve (entra em ebulição).

As temperaturas no Brasil variam muito de acordo com a região.

Os Estados das regiões Norte e Nordeste apresentam temperaturas mais altas o ano inteiro, com pouca variação entre as temperaturas máxima e a mínima.

Temperatura máxima e temperatura mínima

17. Entre os meses de maio e junho de 2022, tivemos temperaturas baixas que não são habituais no país. Veja na tabela as temperaturas máxima e mínima de 10 cidades. Responda às questões, com base na tabela.

Cidade	Temperatura máxima (ºC)	Temperatura mínima (ºC)	Amplitude térmica (ºC)
Belém	22,8	33,4	
Belo Horizonte	14,5	24,4	
Brasília	13,6	24,8	
Campo Grande	19,5	30,1	
Cuiabá	18,6	36,0	
Florianópolis	15,2	20,3	
Fortaleza	22,8	29,5	
Goiânia	17,2	31,0	
João Pessoa	17,4	29,6	
Porto Alegre	14	17,6	

147

a) Em que cidade foi registrada a temperatura máxima mais elevada? Qual foi essa temperatura?

b) Em que cidade foi registrada a temperatura mínima mais baixa? Qual foi essa temperatura?

Amplitude térmica

> A diferença entre a temperatura máxima e a temperatura mínima é conhecida como **amplitude térmica**.
>
> Temperatura máxima – Temperatura mínima
> Amplitude térmica

18. Na tabela da questão anterior, complete a última coluna, a da amplitude térmica. Faça os cálculos para cada cidade. Depois, responda:

a) Qual foi a cidade que apresentou a maior diferença entre as temperaturas máxima e mínima? De quanto foi essa temperatura?

b) Qual foi a cidade que apresentou a menor diferença entre as temperaturas máxima e mínima? De quanto foi essa temperatura?

19. Responda às questões, com relação à cidade onde você mora.

a) Moro na cidade de _____, no Estado de _____.

b) No verão, a temperatura costuma variar entre _____ °C e _____ °C.

c) Os meses mais quentes são: _____ e _____.

d) No inverno, a temperatura costuma variar entre _____ °C e _____ °C.

e) Os meses mais frios são: _____ e _____.

Bloco 13: Probabilidade e Estatística

CONTEÚDO

ANÁLISE DE CHANCES
- Espaço amostral
- Evento

GRÁFICOS E TABELAS
- Gráfico de barras
- Gráfico pictórico ou pictograma
- Gráfico de colunas justapostas
- Gráfico de linhas

ANÁLISE DE CHANCES

Probabilidade é a chance de ocorrer certo evento.

Exemplos de evento:
- "Chover amanhã."
- "Tirar nota máxima em uma prova."
- "Tirar número 6 no jogo de dados."

1. Ao jogar um dado, qual é a chance de sair o número 6?
Qual é a chance de sair o número 2?
As chances são iguais?

Resolução

Em um dado, temos as seguintes faces:

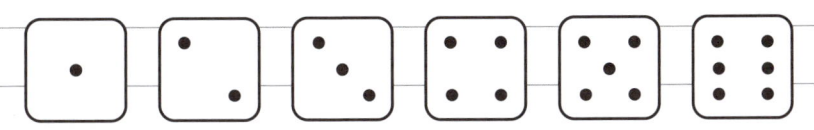

Então, qualquer uma delas tem a mesma chance de sair.
Como são 6 resultados possíveis, dizemos que a chance de sair qualquer um desses números é de "1 em 6".

Espaço amostral

> O **espaço amostral** do lançamento de um dado é o conjunto dos resultados possíveis.
>
> Espaço amostral: 1, 2, 3, 4, 5, 6.

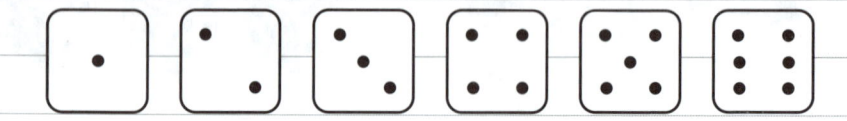

Evento

> O que é um **evento**? É um conjunto do espaço amostral. Por exemplo, no lançamento de um dado, são eventos:
> - "Sair o número 1."
> - "Sair o número 6."
> - "Sair um número par."

2. Em um jogo de dados, qual é a chance de sair um número par?
O espaço amostral é: _____

No espaço amostral de 6 elementos, os números pares são: _____

Então, a chance de sair um número par é: _____

Em porcentagem: _____

3. Em um jogo de dados, qual é a chance de sair um número maior do que 4?
O espaço amostral é: _____

Os números maiores do que 4 são: _____

Então, a chance de sair um número maior do que 4 é: _____

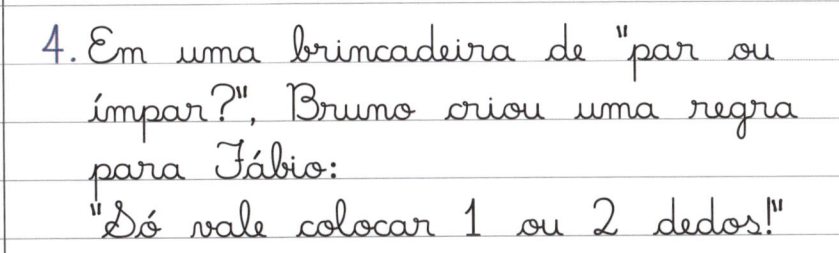

4. Em uma brincadeira de "par ou ímpar?", Bruno criou uma regra para Fábio:

"Só vale colocar 1 ou 2 dedos!"

Qual é o espaço amostral (resultados possíveis)?
Resolução:

a) Complete o esquema dos resultados possíveis.

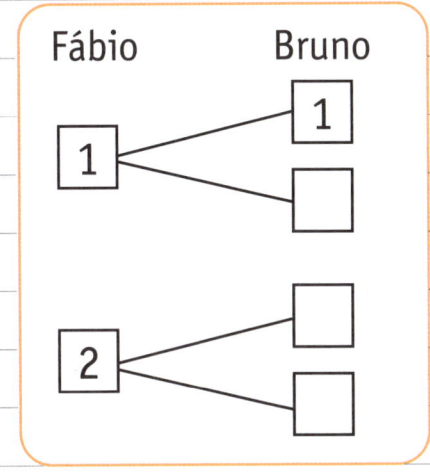

Fábio — Bruno
1 → 1, ☐
2 → ☐, ☐

b) Quantos são os resultados possíveis? _____

5. Ainda com relação à questão anterior, qual é a chance de Bruno tirar "ímpar" na brincadeira?
Resolução:

6. Em uma urna foram colocadas 50 bolinhas.

- 1 bolinha preta
- 9 bolinhas vermelhas
- 10 bolinhas amarelas
- 30 bolinhas verdes

Alguém vai retirar ao acaso uma bolinha da urna.

a) O evento "retirar bolinha preta" é improvável ou impossível?

b) Qual é a cor da bolinha que tem mais chance de ser retirada? Por quê?

c) Complete.

- A chance de retirar uma bolinha preta é de _____.

- A chance de retirar uma bolinha vermelha é de _____.

- A chance de retirar uma bolinha amarela é de _____.

- A chance de retirar uma bolinha verde é de _____.

GRÁFICOS E TABELAS

Você já deve ter observado em livros escolares ou em notícias de internet diferentes tipos de gráfico: de linhas, de barras, de colunas, pictóricos (com desenhos) e os que se parecem com pizza.

Nas próximas atividades, veremos alguns desses gráficos.

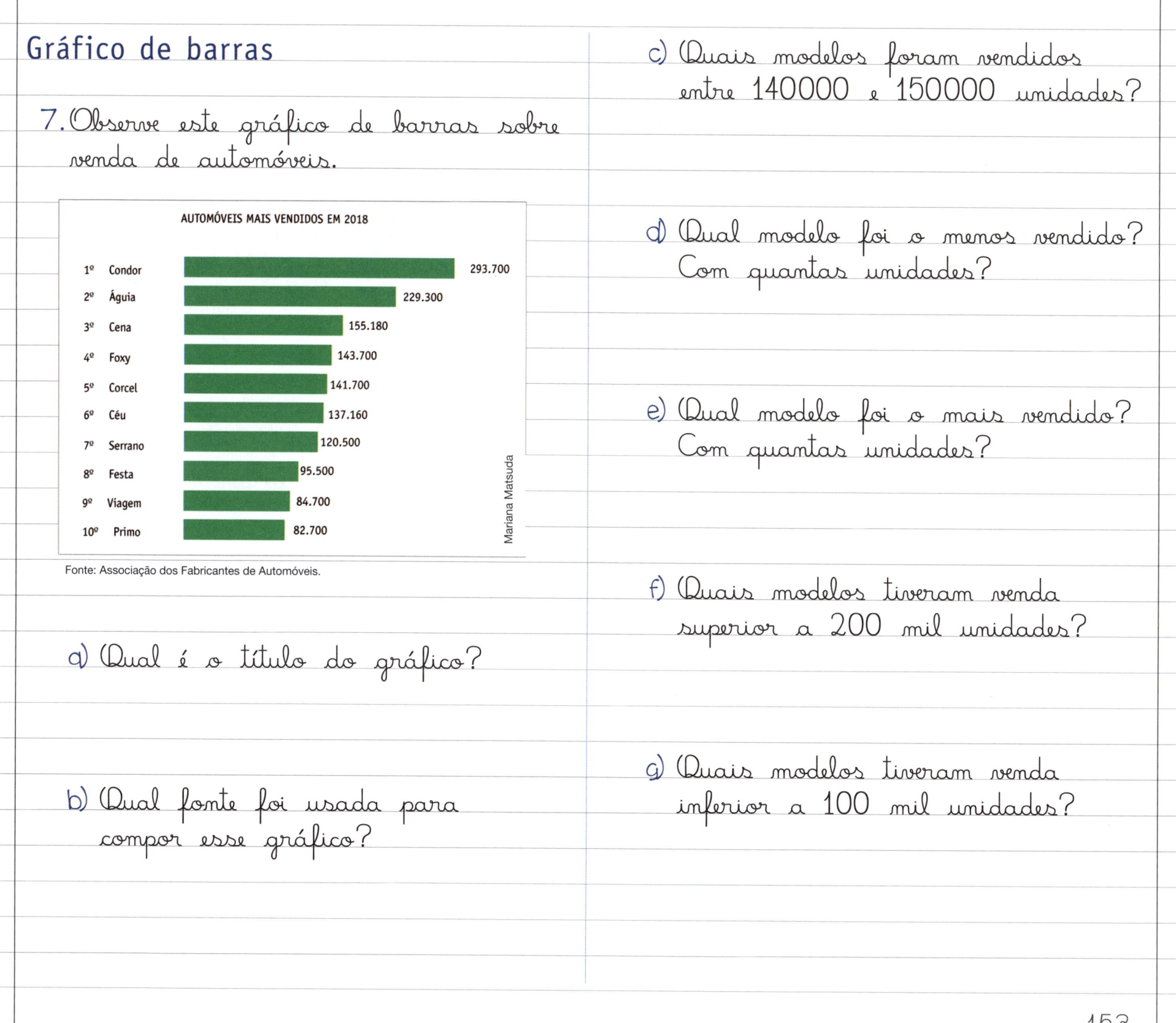

Gráfico de barras

7. Observe este gráfico de barras sobre venda de automóveis.

AUTOMÓVEIS MAIS VENDIDOS EM 2018

Posição	Modelo	Unidades
1º	Condor	293.700
2º	Águia	229.300
3º	Cena	155.180
4º	Foxy	143.700
5º	Corcel	141.700
6º	Céu	137.160
7º	Serrano	120.500
8º	Festa	95.500
9º	Viagem	84.700
10º	Primo	82.700

Mariana Matsuda

Fonte: Associação dos Fabricantes de Automóveis.

a) Qual é o título do gráfico?

b) Qual fonte foi usada para compor esse gráfico?

c) Quais modelos foram vendidos entre 140000 e 150000 unidades?

d) Qual modelo foi o menos vendido? Com quantas unidades?

e) Qual modelo foi o mais vendido? Com quantas unidades?

f) Quais modelos tiveram venda superior a 200 mil unidades?

g) Quais modelos tiveram venda inferior a 100 mil unidades?

Gráfico pictórico ou pictograma

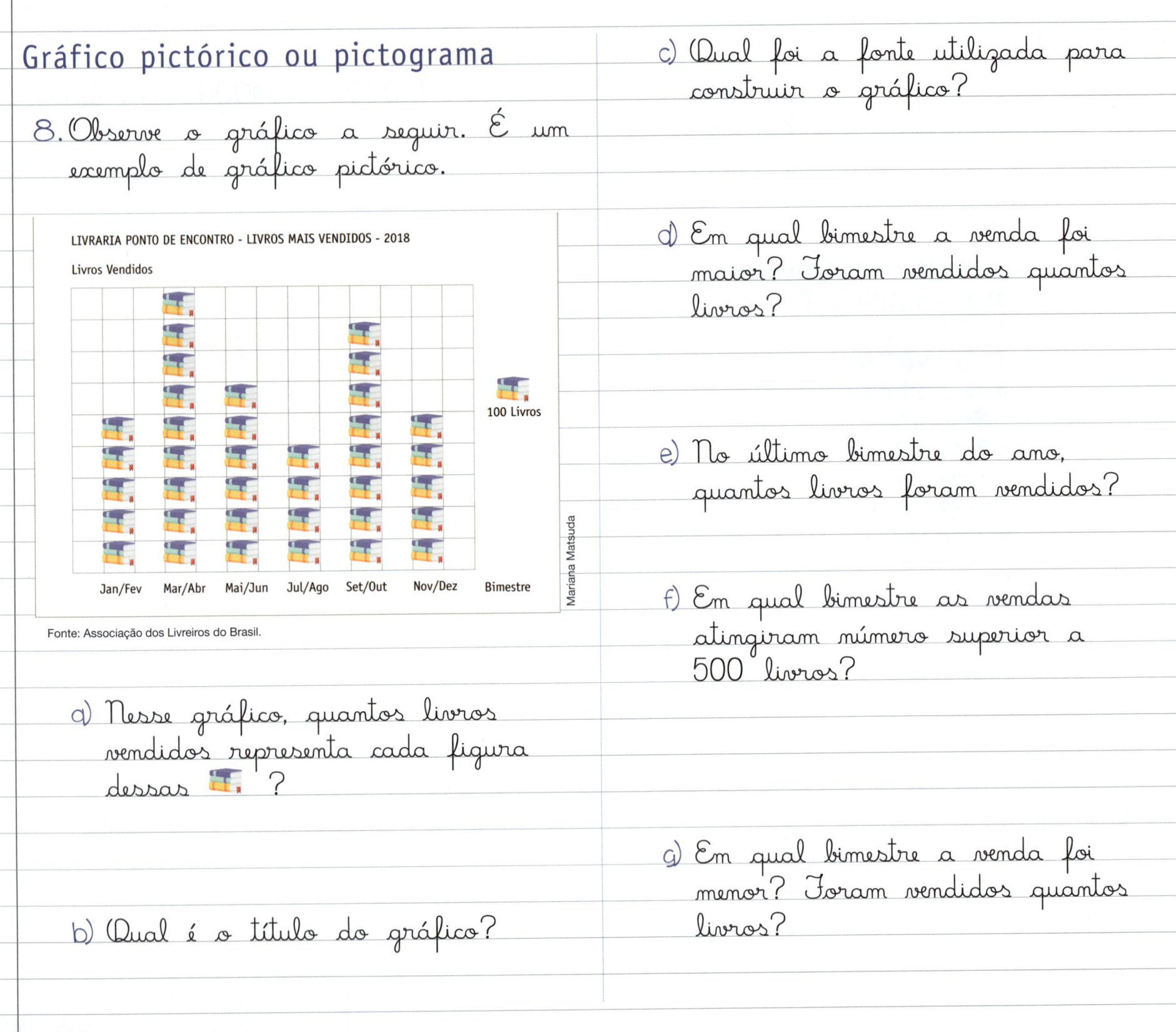

8. Observe o gráfico a seguir. É um exemplo de gráfico pictórico.

LIVRARIA PONTO DE ENCONTRO - LIVROS MAIS VENDIDOS - 2018

Livros Vendidos

(Jan/Fev, Mar/Abr, Mai/Jun, Jul/Ago, Set/Out, Nov/Dez — Bimestre)

100 Livros

Fonte: Associação dos Livreiros do Brasil.

a) Nesse gráfico, quantos livros vendidos representa cada figura dessas ?

b) Qual é o título do gráfico?

c) Qual foi a fonte utilizada para construir o gráfico?

d) Em qual bimestre a venda foi maior? Foram vendidos quantos livros?

e) No último bimestre do ano, quantos livros foram vendidos?

f) Em qual bimestre as vendas atingiram número superior a 500 livros?

g) Em qual bimestre a venda foi menor? Foram vendidos quantos livros?

Gráfico de colunas justapostas

9. Observe o gráfico. Veja que, para cada item, temos duas colunas: uma referente a famílias de áreas rurais, e outra referente a famílias de áreas urbanas.

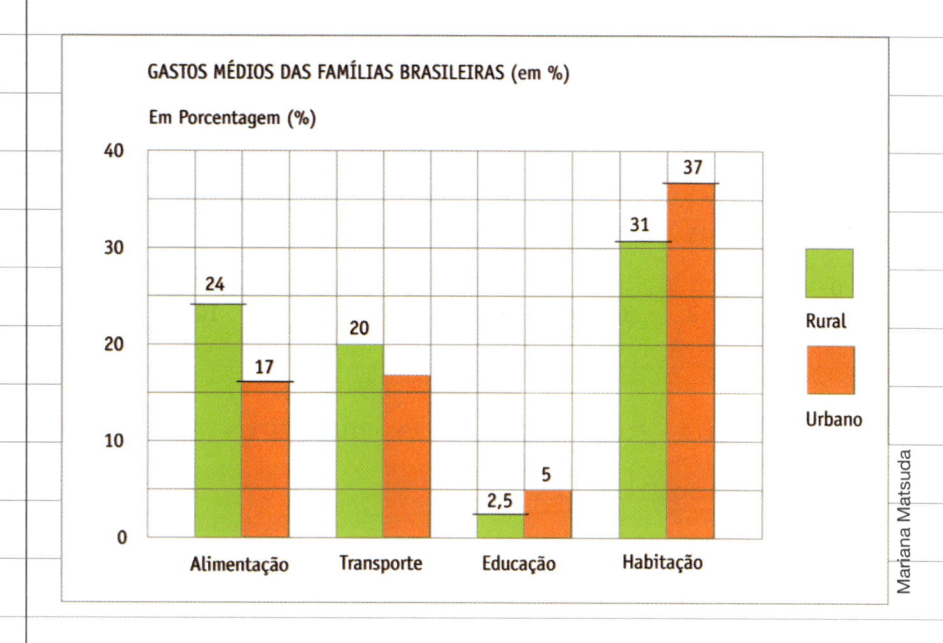

GASTOS MÉDIOS DAS FAMÍLIAS BRASILEIRAS (em %)

Em Porcentagem (%)

- Alimentação: Rural 24, Urbano 17
- Transporte: Rural 20, Urbano 17
- Educação: Rural 2,5, Urbano 5
- Habitação: Rural 31, Urbano 37

a) Qual é o item que consome mais a renda familiar?

b) Que porcentagem da renda familiar é gasto com os itens Alimentação e Habitação?

- População rural: _____
- População urbana: _____

c) Vamos considerar uma família com renda média de R$ 2500,00 (dados de IBGE 2022).
Os itens Alimentação e Habitação consomem, aproximadamente, 55% da renda. Calcule quanto é esse valor.

d) Para o item Educação, a população urbana gasta, em média, 5%. Calcule quanto é esse valor.

e) Considerando a população urbana, qual é a porcentagem do salário comprometida com esses 4 itens?

Gráfico de linhas

10. A tabela a seguir apresenta os dados divulgados por uma plataforma que disponibiliza filmes para aproximadamente 200 milhões de assinantes.

10 FILMES MAIS ASSISTIDOS (em horas de reprodução)	
FILMES	HORAS DE REPRODUÇÃO (em milhões de horas)
1º lugar	282
2º lugar	231
3º lugar	215
4º lugar	209
5º lugar	205
6º lugar	197
7º lugar	190
8º lugar	187
9º lugar	186
10º lugar	170

O gráfico abaixo mostra os números da tabela para esses 10 filmes.

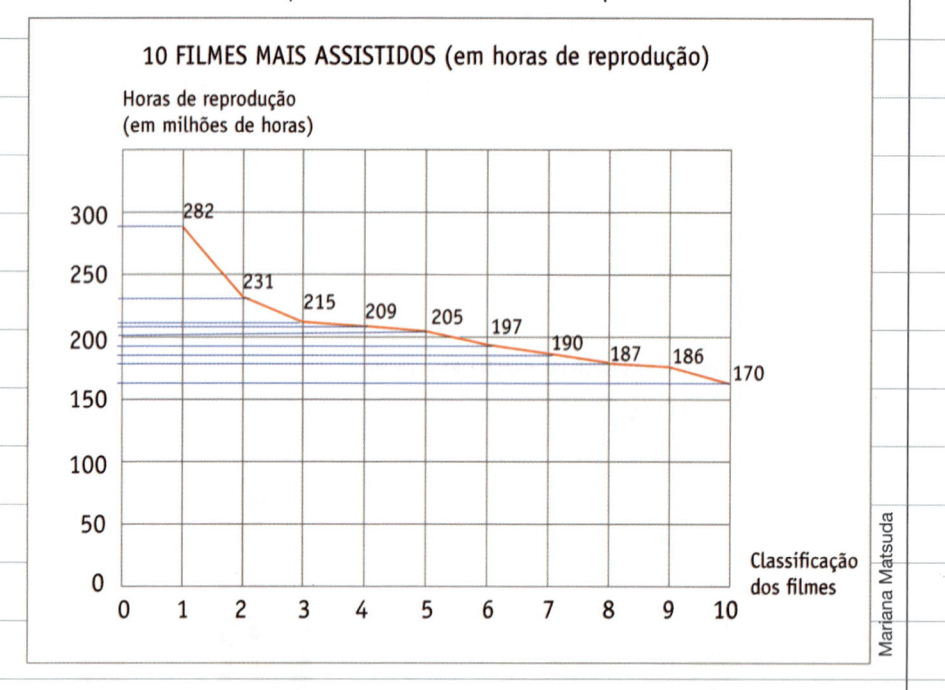

10 FILMES MAIS ASSISTIDOS (em horas de reprodução)

[Gráfico de linhas com valores: 282, 231, 215, 209, 205, 197, 190, 187, 186, 170. Eixo vertical: Horas de reprodução (em milhões de horas). Eixo horizontal: Classificação dos filmes.]

Mariana Matsuda

a) O que representa o número 50 no eixo vertical?

b) O que representam os números 1, 2 e 3 no eixo horizontal?

c) Quantas horas de reprodução teve o último colocado nessa lista?

11. A tabela a seguir se refere às séries mais assistidas, em horas de reprodução.

10 SÉRIES MAIS ASSISTIDAS (em horas de reprodução)	
SÉRIES	HORAS DE REPRODUÇÃO (em milhões de horas)
1º lugar	1600
2º lugar	625
3º lugar	619
4º lugar	582
5º lugar	541
6º lugar	496
7º lugar	476
8º lugar	469
9º lugar	468
10º lugar	457

Observe que a 1ª colocada tem 1,6 bilhão de horas de reprodução. Como a unidade está em milhões de horas, 1600 milhões representam 1,6 bilhões. Veja o gráfico elaborado a partir dos dados da tabela.

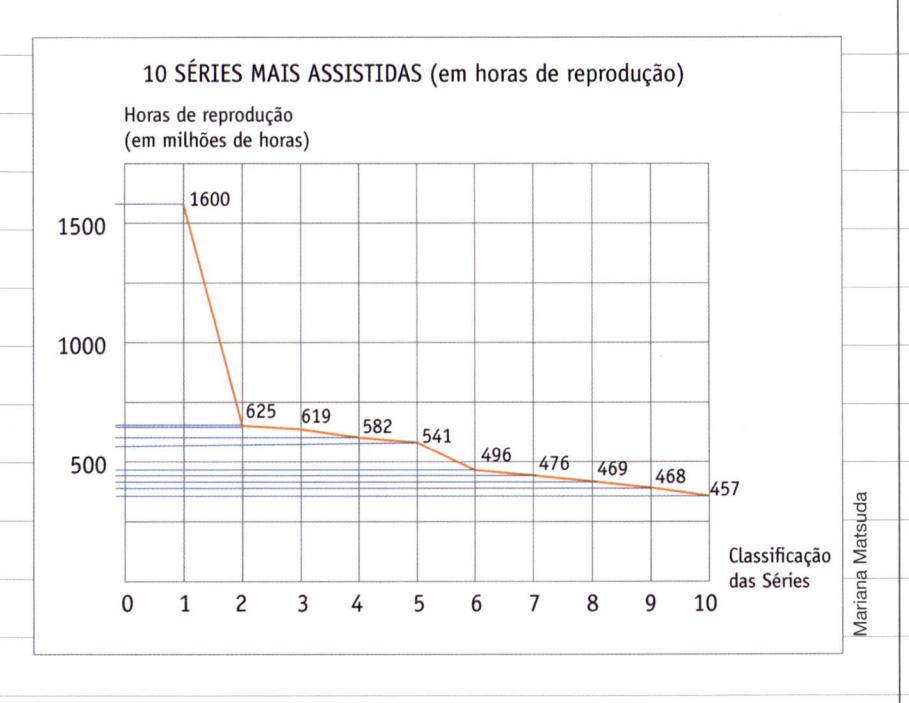

10 SÉRIES MAIS ASSISTIDAS (em horas de reprodução)

Horas de reprodução (em milhões de horas)

1600 — 1º
625 — 2º; 619 — 3º; 582 — 4º; 541 — 5º; 496 — 6º; 476 — 7º; 469 — 8º; 468 — 9º; 457 — 10º

Classificação das Séries

Mariana Matsuda

a) O que chama mais a atenção nesse gráfico?

b) O que acontece com a curva do gráfico do 1º para o 2º colocado?

c) Qual é a diferença de horas de reprodução do 1º para o 2º colocado?

d) O que se pode observar no gráfico do 2º colocado até o 10º colocado?

e) Qual é a diferença de horas de reprodução entre o 2º colocado e o 10º colocado?

PLANIFICAÇÃO DO PRISMA DE BASE TRIANGULAR

———— Recortar
- - - - - Dobrar

PLANIFICAÇÃO DO PRISMA DE BASE QUADRADA

_____ Recortar
- - - - - - - Dobrar

PLANIFICAÇÃO DO PRISMA DE BASE PENTAGONAL

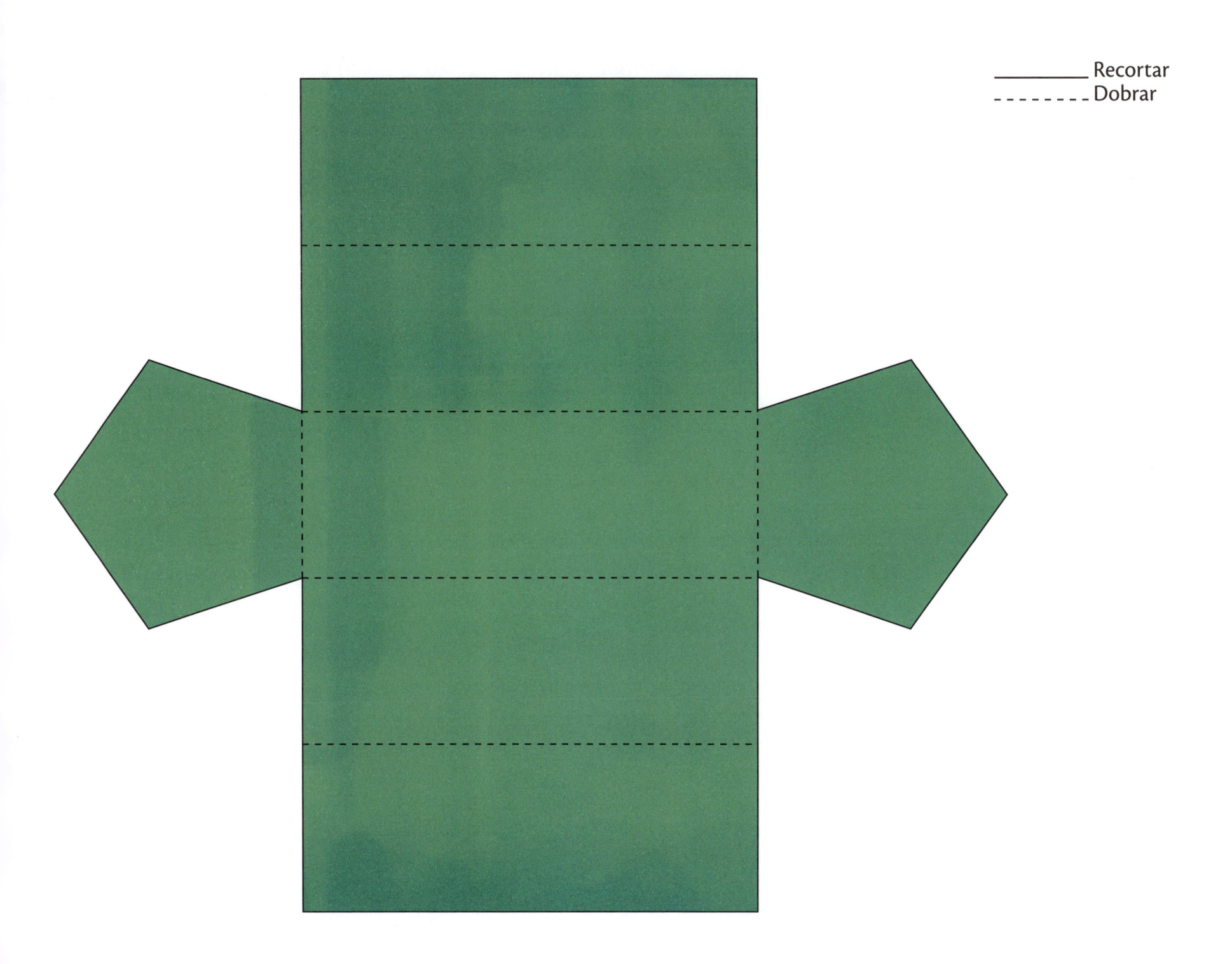

———— Recortar
- - - - - Dobrar

PLANIFICAÇÃO DO PRISMA DE BASE HEXAGONAL

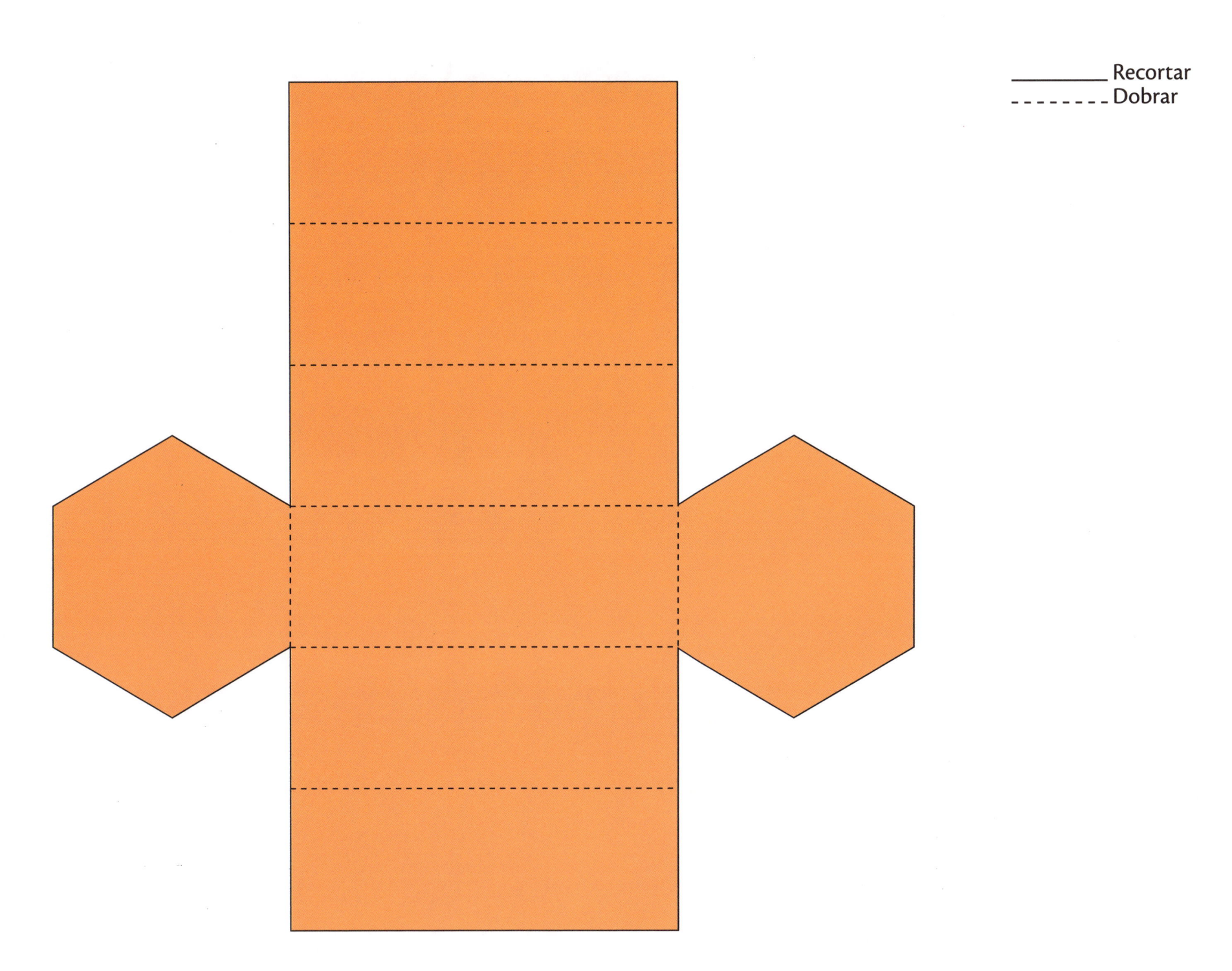

———— Recortar
-------- Dobrar

PLANIFICAÇÃO DA PIRÂMIDE DE BASE TRIANGULAR

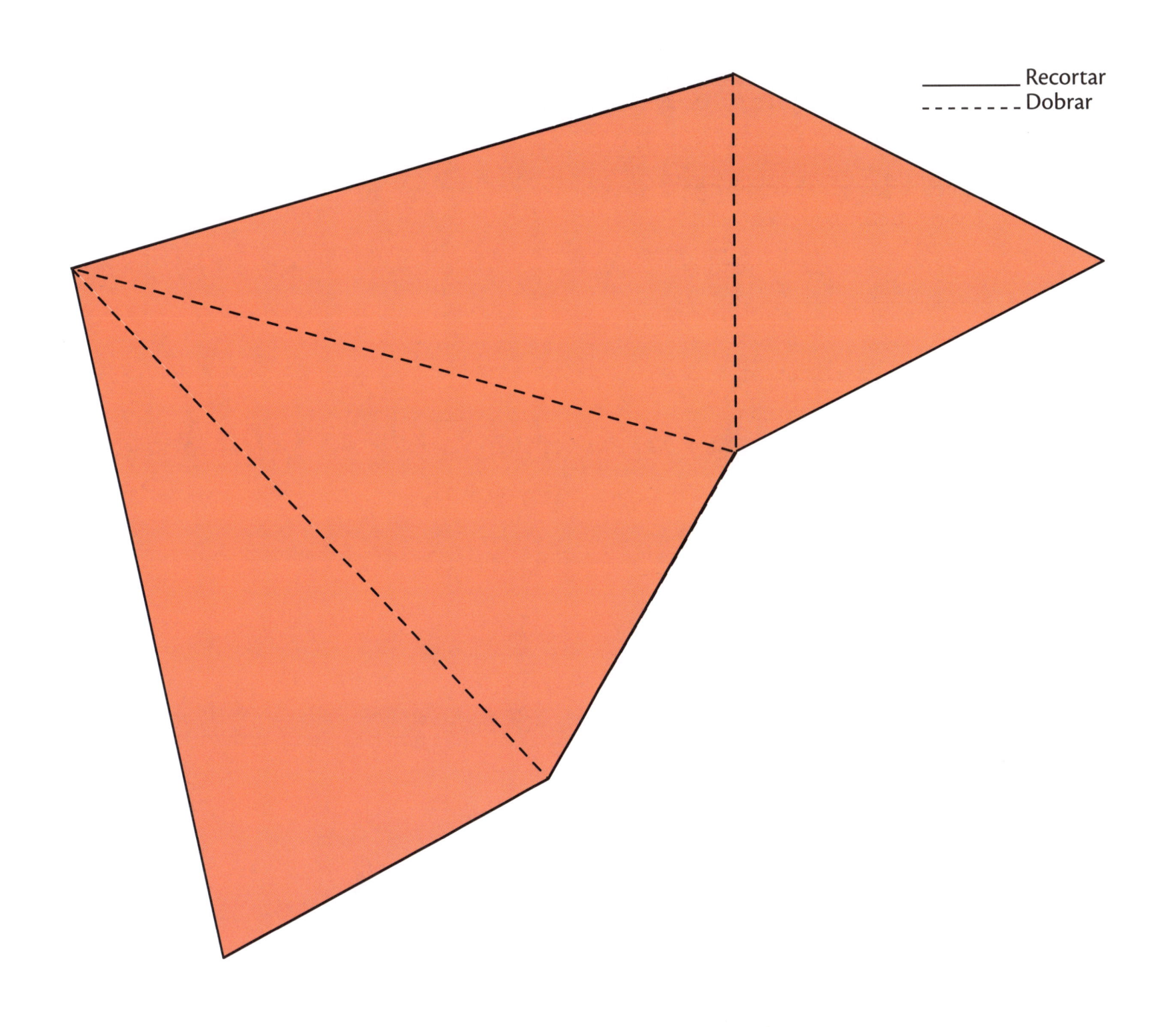

——————— Recortar
- - - - - - - Dobrar

PLANIFICAÇÃO DA PIRÂMIDE DE BASE QUADRADA

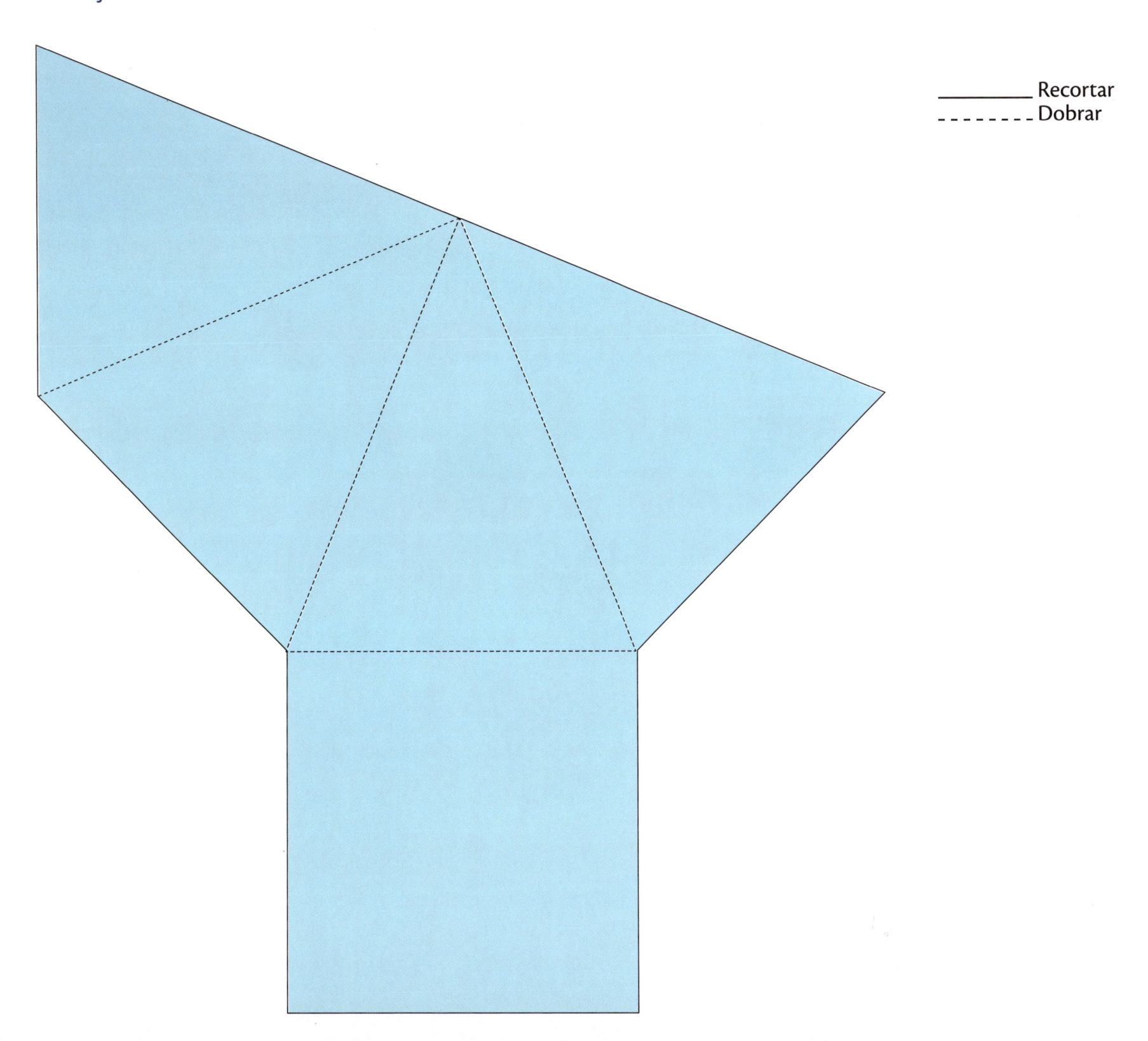

———— Recortar
- - - - - Dobrar

PLANIFICAÇÃO DA PIRÂMIDE DE BASE PENTAGONAL

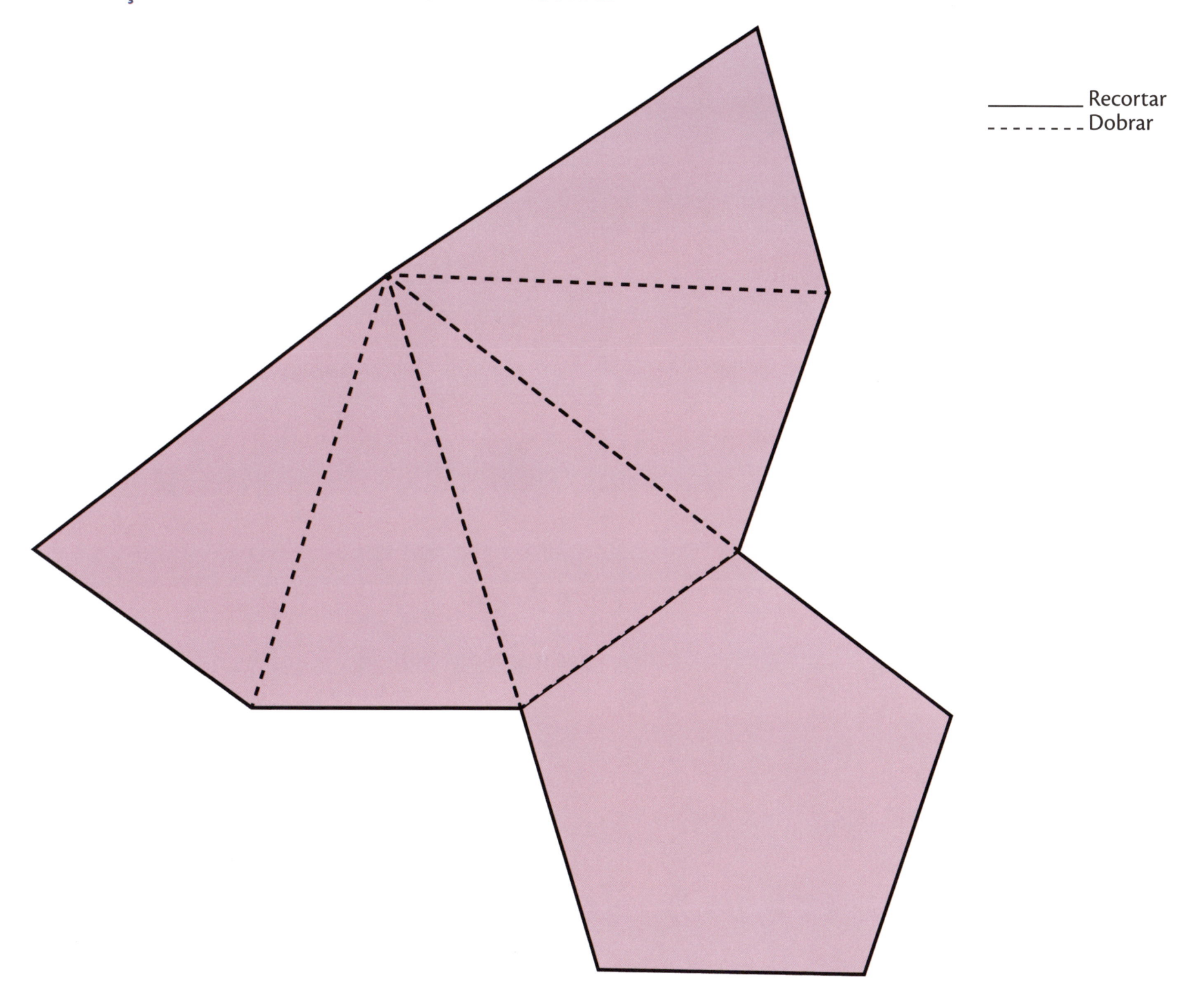

——— Recortar
- - - - - Dobrar

PLANIFICAÇÃO DA PIRÂMIDE DE BASE HEXAGONAL

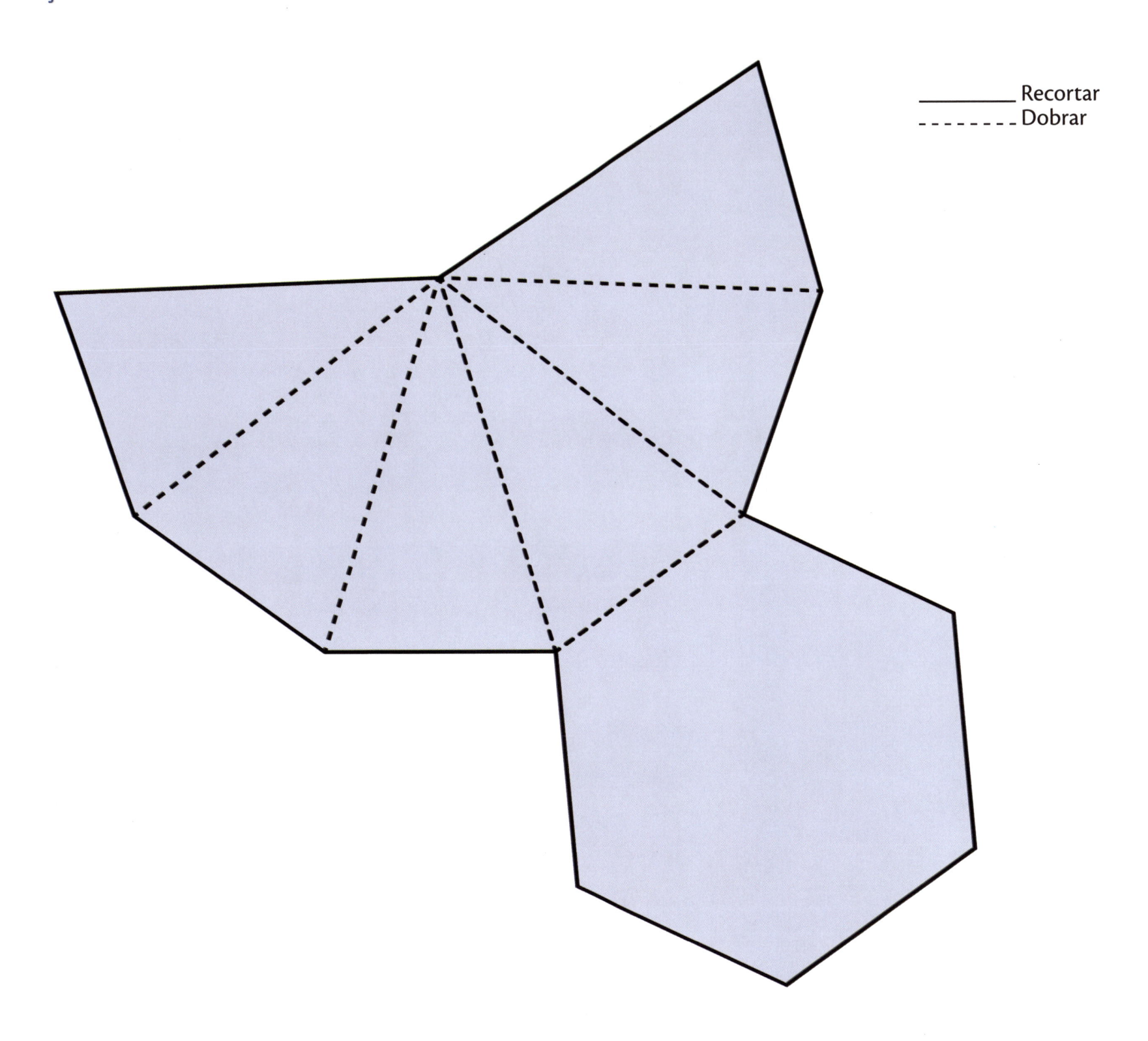

——— Recortar
- - - - - Dobrar

FICHAS (COMPOSIÇÃO E DECOMPOSIÇÃO)

10 000	10 000	10 000	10 000	10 000	10 000

1 000	1 000	1 000	1 000	1 000	1 000

100	100	100	100	100	100	100	100
100	100	100	100	100	100	100	100

10	10	10	10	10	10	10	10	10	10
10	10	10	10	10	10	10	10	10	10

1	1	1	1	1	1	1	1	1	1
1	1	1	1	1	1	1	1	1	1